普通高等教育"十二五"规划教材

U0288914

电工学基础 与综合实验

主编　赵建华

编写　孙　钊　韦宏利　李　静

主审　李　海

中国电力出版社
CHINA ELECTRIC POWER PRESS

内 容 提 要

本书为普通高等教育"十二五"规划教材。

本书主要内容包括电工学基础实验、电子技术综合实验、Protues 软件在电子技术实验中的应用、常用仪器的简介与使用、电子电路测量技术的基本知识。此外，附录部分提供了常用元器件功能及引脚简介。本书与以往教材相比，减少了验证性实验，在基础性实验的基础上增加更多的综合性和设计性实验，尤其引入了当前比较流行的 Protues 计算机虚拟仿真实验。设计题目不仅可以提高学生的实践技能和综合应用能力，同时也对所学的电工学技术理论进行全面系统的复习，加深对其基础理论的理解。

本书可作为普通高等院校理工科类非电专业学习电工学的实验教材，也可作为相关技术人员的参考用书。

图书在版编目（CIP）数据

电工学基础与综合实验/赵建华主编 . —北京：中国电力出版社，2013.2（2016.7 重印）

普通高等教育"十二五"规划教材

ISBN 978 - 7 - 5123 - 3949 - 1

Ⅰ.①电⋯　Ⅱ.①赵⋯　Ⅲ.①电工实验—高等学校—教材
Ⅳ.①TM-33

中国版本图书馆 CIP 数据核字（2012）第 315363 号

中国电力出版社出版、发行

（北京市东城区北京站西街 19 号　100005　http：//www. cepp. sgcc. com. cn）

北京天宇星印刷厂印刷

各地新华书店经售

*

2013 年 2 月第一版　2016 年 7 月北京第四次印刷

787 毫米×1092 毫米　16 开本　11.5 印张　277 千字

定价 21.50 元

前　言

　　电工学是实践性很强的专业基础课，其实验课是电工教学的重要组成部分。本书与以往教材相比，减少了验证性实验，在基础性实验的基础上增加更多的综合性和设计性实验，尤其引入了当前比较流行的 Protues 计算机虚拟仿真实验。

　　基础性实验的主要任务是验证课堂理论知识，掌握各种电子仪器的正确使用方法和基本实验技能。

　　对于综合性和设计性实验，学生可任选其中若干题目自己进行实验，也可经教师批准自拟实验项目，由学生独立拟定实验方案，分析实验原理，确定实验步骤，安装调试，排除故障，撰写实验报告，并在限定的时间内完成。这类实验对学生综合能力的培养具有重要意义。这一系列环节，不仅可以提高学生的实践技能和综合应用能力，同时也对所学电工学技术理论进行全面系统的复习，加深对基础理论的理解。

　　本书选用了新的计算机仿真（Protues）软件。Protues 软件的功能强大，它集电路设计、制版及仿真等多种功能于一身，不仅能够对电工、电子技术学科涉及的电路进行设计与分析，还能够对微处理器进行设计和仿真，并且功能齐全，界面多彩，是近年来备受电子设计爱好者青睐的一款新型电子线路设计与仿真软件。计算机仿真实验是近年发展起来的新型虚拟实验方法，与传统实验方法相比，其具有相对的优越性和先进性。

　　本书由西安工业大学赵建华担任主编。第 1 章由孙钊、韦宏利编写，第 2 部分由李静编写，第 3～6 章及附录由赵建华编写。赵建华对全文进行了统稿。贺为婷参与了电路部分的编写，刘继勇参与了电子部分的编写。此外，本书还得到了教务处副处长齐华教授、电信学院院长雷志勇教授、张志文教授、倪原教授和尚宇老师等的指导与帮助。

　　本书由武汉大学李海教授担任主审。同时，本书在编写过程中还参考了许多专家学者的文献资料。在此一并致谢。

　　由于作者水平有限，加之时间紧张，修订后的教材难免存在不足之处，恳请广大读者批评指正。

编　者

2012 年 11 月

目　　录

前言
第1章　电工基础实验 ………………………………………………………………… 1
1.1　伏安特性的测试 …………………………………………………………………… 1
1.2　叠加定理、基尔霍夫定律和电位的研究 ………………………………………… 4
1.3　戴维南、诺顿定理、电源等效变换、最大传输定理 …………………………… 8
1.4　交流参数的测量——三表法 ……………………………………………………… 13
1.5　RLC 串联谐振电路的研究 ………………………………………………………… 16
1.6　并联谐振及功率因数的提高 ……………………………………………………… 19
1.7　三相电路中电压和电流的测量 …………………………………………………… 22
1.8　电子示波器和信号发生器的使用 ………………………………………………… 24
1.9　一阶电路暂态过程的研究 ………………………………………………………… 27
第2章　电子技术实验 ………………………………………………………………… 31
2.1　常用仪器的使用及二极管、三极管的测试 ……………………………………… 31
2.2　单管放大电路研究 ………………………………………………………………… 35
2.3　多级放大电路与负反馈放大电路 ………………………………………………… 38
2.4　差动放大电路 ……………………………………………………………………… 41
2.5　集成运算放大器参数测试 ………………………………………………………… 43
2.6　比例运算电路的应用 ……………………………………………………………… 46
2.7　集成运放组成的 RC 正弦波振荡器 ……………………………………………… 49
2.8　整流、滤波与稳压电路 …………………………………………………………… 50
2.9　门电路逻辑功能及其应用 ………………………………………………………… 53
2.10　组合电路的研究 …………………………………………………………………… 57
2.11　编码、译码与显示 ………………………………………………………………… 59
2.12　译码器和数据选择器的应用 ……………………………………………………… 61
2.13　触发器及其应用 …………………………………………………………………… 65
2.14　计数器及其应用 …………………………………………………………………… 67
2.15　555 定时器及其应用 ……………………………………………………………… 74
2.16　时钟控制系统设计 ………………………………………………………………… 81
2.17　红外发射与接收报警电路设计 …………………………………………………… 82
2.18　方波、三角波发生器电路 ………………………………………………………… 84
2.19　篮球比赛计分显示系统设计 ……………………………………………………… 85
2.20　数字秒表设计 ……………………………………………………………………… 86
2.21　集成电路八人抢答器 ……………………………………………………………… 90

第 3 章　Protues 软件在电子技术实验中的应用 ……………………………… 97

  3.1　Protues 软件简介 ……………………………………………………… 97

  3.2　Protues 软件的使用方法 ……………………………………………… 97

  3.3　Protues 软件的使用实例 ……………………………………………… 100

  3.4　用 Protues 搭建单片机系统 …………………………………………… 103

第 4 章　实验电路的安装与调试 …………………………………………………… 110

  4.1　实验电路的安装 ………………………………………………………… 110

  4.2　电路调试技术 …………………………………………………………… 113

  4.3　故障检测的一般方法 …………………………………………………… 114

  4.4　数字集成电路使用须知 ………………………………………………… 119

  4.5　电工测量的基本知识 …………………………………………………… 120

  4.6　磁电式、电磁式、电动式仪表的工作原理 …………………………… 125

  4.7　电流、电压的测量 ……………………………………………………… 127

第 5 章　常用仪器设备的简介与使用 ……………………………………………… 129

  5.1　TPE-AD 模拟/数字电子技术学习机 …………………………………… 129

  5.2　C5020（HH4310）双踪示波器 ………………………………………… 133

  5.3　MOS-620 20MHz 双踪示波器使用说明 ……………………………… 136

  5.4　SP164 系列型函数信号发生器/计数器使用说明 …………………… 140

  5.5　XD2C 与 XD2 型低频信号发生器 …………………………………… 143

  5.6　SX2172 型交流毫伏表 ………………………………………………… 145

  5.7　双路晶体管直流稳压电源 ……………………………………………… 147

  5.8　调压变压器的使用 ……………………………………………………… 148

  5.9　功率表的使用方法 ……………………………………………………… 148

  5.10　QS18A 万能电桥使用说明 …………………………………………… 150

第 6 章　电子电路测量技术的基本知识 …………………………………………… 153

  6.1　干扰源 …………………………………………………………………… 153

  6.2　误差分析与测量结果的处理 …………………………………………… 153

  6.3　系统增益或衰减的测量 ………………………………………………… 156

  6.4　系统频率特性的测量 …………………………………………………… 156

  6.5　系统输入、输出电阻的测量 …………………………………………… 157

附录　常用元器件功能及引脚简介 ………………………………………………… 159

  附录 1　部分常用数字集成电路功能表 …………………………………… 159

  附录 2　部分常用数字集成电路引脚图 …………………………………… 171

  附录 3　部分常用线性集成电路引脚图 …………………………………… 176

参考文献 ……………………………………………………………………………… 177

第1章 电工基础实验

1.1 伏安特性的测试

一、实验目的

(1) 学习测量线性和非线性电阻元件伏安特性的方法。

(2) 学习测量电源外特性的方法。

(3) 掌握应用伏安特性判断电阻元件类型的方法。

(4) 学习使用直流电压表、电流表，掌握电压、电流的测量方法。

二、实验原理与说明

1. 电阻元件

二端电阻元件的伏安特性是指元件的端电压与通过该元件的电流之间的函数关系。通过一定的测量电路，用电压表、电流表可测定电阻元件的伏安特性，由测得的伏安特性可判定电阻元件的类型。通过测量得到元件伏安特性的方法称为伏安测量法，简称伏安法。

线性电阻元件的伏安特性满足欧姆定律。在关联参考方向下，可表示为：$u=Ri$，其中 R 为常量，称为电阻的阻值。其伏安特性是一条过坐标原点的直线，具有双向性。电阻伏安特性曲线如图 1.1.1 所示。

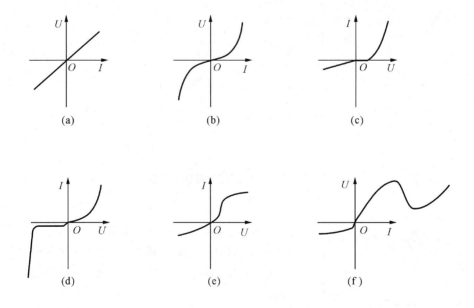

图 1.1.1 电阻伏安特性曲线

(a) 钨丝灯泡；(b) 普通二极管；(c) 稳压二极管；(d) 恒流管；(e)、(f) 隧道二极管

非线性电阻的阻值 R 不是一个常量，其伏安特性是一条过坐标原点的曲线。非线性电阻的种类很多，在此给出几个实验中可能遇到的非线性电阻的伏安特性曲线分别如

图 1.1.1（b）～（f）所示。

在电阻元件上施加不同极性和幅值的电压，分别测量出流过相应元件中的电流，或在元件中通入不同方向和幅值的电流，测量出相应元件两端的电压，便得到被测元件的伏安特性。测量参考电路如图 1.1.2（a）、（b）所示。

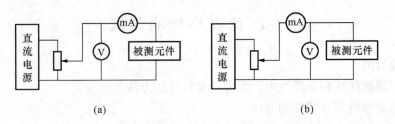

(a)   (b)

图 1.1.2   测量电阻元件伏安特性参考电路

(a) 电压表前接法；(b) 电压表后接法

2. 电压源

理想电压源输出固定幅值的电压，输出电流的大小由外电路决定。因此它的外特性是平行于电流轴的直线，如图 1.1.3（a）中实线所示。实际电压源的外特性，如图 1.1.3（a）中虚线所示，在线性工作区它可以用一个理想电压源 U_s 和内电阻 R_s 相串联的电路模型来代替，如图 1.1.3（b）所示。图 1.1.3（a）中的角越大，说明实际电压源内阻 R_s 值越大。实际电压源的电压 U 和电流的关系式为 $U = U_s - R_s I$。

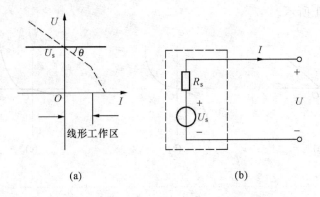

(a)   (b)

图 1.1.3   电压源外特性及电路

(a) 电压源外特性；(b) 电路

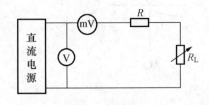

图 1.1.4   测量电压源（电流源）
外特性参考电路

电压源与一可调负载电阻 R_L 相连，如图 1.1.4 所示（R 为限流电阻），改变负载电阻 R_L 的阻值，测量出相应的电压源电流和端电压，便可得到被测电压源的外特性。

3. 电流源

理想直流电流源输出固定幅值的电流，其端电压由外电路决定，因此它的外特性是平行于电压轴的直线，如图 1.1.5（a）中实线所示。实际电流源的外特性，如图 1.1.5（a）中虚线所示，在线性工作区它可以用一个理想电流源 I_s 和内电导 G_s（$G_s = 1/R_s$）相并联的电路模型来表示，如图 1.1.5（b）所示。图 1.1.5（a）中的 θ 角越大，说明实际电流源内电导 G_s 值越大。实际电流源的电流 I 和电压 U 的关系为：$I = I_s - G_s U$，电流源外特性的测量与电压值的测量方法一样，如图 1.1.4 所示。

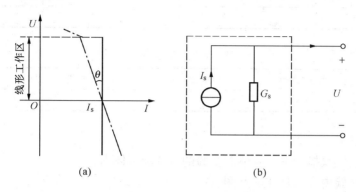

图 1.1.5   电流源外特性及电路
（a）电流源外特性；（b）电路

三、实验任务

1. 电源外特性的测量

将电压源、电流源按图 1.1.4 所示电路连接，改变 R_L 值，测量相应电压源、电流源两端电压及流过的电流，记入表 1.1.1 中。

表 1.1.1   有源元件伏安特性测量数据

		$R = 200\Omega$ $R_L = 0 \sim 600\Omega$					
电压源	I/mA						
	U_s/V						
电流源	U/V						
	I_s/mA						

2. 电阻元件伏安特性的测量

测量电路如图 1.1.4 所示。调节电压源输出，$-10 \sim +10\text{V}$，分别记录各被测元件上的电压电流值，填入表 1.1.2 中。根据所测数据，画出各元件伏安特性草图，与原理说明中的图形相对照，判断出该元件的名称，填入表 1.1.3 中。

表 1.1.2   被测元件伏安特性测量数据

元件：1	I/mA										
	U/V										
元件：2	I/mA										
	U/V										
元件：3	I/mA										
	U/V										

续表

元件：4	I/mA							
	U/V							
元件：5	I/mA							
	U/V							

表 1.1.3　　　　　　　　　　　　　被 测 元 件 名 称

线性电阻	普通二极管	稳压二极管	恒流二极管	白炽灯泡

四、预习与思考

（1）认真阅读实验指导书，弄清此实验的目的和具体内容。

（2）画出各实验内容的具体电路图。

（3）图 1.1.4 电路中 R 的存在对虚线所示的等效电源外特性有何影响？定性做出各图的外特性曲线。

（4）图 1.1.2（a）、（b）分别为电压表前接法和电压表后接法测量电路，试回答两电路的应用范围。

五、注意事项

阅读实验中所用仪表的使用介绍，注意量程和功能的选择，注意电压源使用时不能短路。

六、实验报告要求

（1）简述实验目的原理，整理实验数据，画出实验电路图。

（2）根据测量数据，用坐标纸分别绘制出电压源、电流源外特性以及各电阻元件的伏安特性曲线。

（3）根据伏安特性曲线，判断各元件的性质，由线性电阻的特性曲线求出其电阻值。

（4）回答思考题。

七、仪器设备

（1）各种被测元件 1 套或电路理论综合实验台挂箱。

（2）200Ω 电阻、600Ω 滑线变阻器各 1 个。

（3）直流电压表或万用表、直流电流表各 1 块。

1.2　叠加定理、基尔霍夫定律和电位的研究

一、实验目的

（1）验证叠加定理，加深对该定理的理解。

（2）验证基尔霍夫电流定律（KCL）和电压定律（KVL）。

（3）通过电路中各点电位的测量来加深对电位、电压以及它们之间关系的理解。

（4）在验证各定理的过程中，离不开参考方向的概念，通过实验加强对参考方向的掌握和运用能力。

（5）熟练电路故障的检查与排除能力。

二、实验原理与说明

1. 叠加原理

对于一个具有唯一解的线性电路，由几个独立电源共同作用所形成的各支路电流或电压，是各个独立电源分别单独作用时在相应支路上形成的电流或电压的代数和。

图 1.2.1 所示为实验电路。该电路中有一个电压源 U_s 及一个电流源 I_s，设 U_s 和 I_s 共同作用在电阻 R_1 上产生的电压、电流分别为 U_1 和 I_1，在电阻 R_2 上产生的电压、电流分别为 U_2 和 I_2，如图 1.2.1（a）所示。为了验证叠加定理，令电压源和电流源分别作用：①设电压源单独作用时（电流源支路开路）引起的电压、电流分别为 U'_1、U'_2、I'_1、I'_2，如图 1.2.1（b）所示；②设电流源单独作用时（电压源支路短路）引起的电压、电流分别为 U''_1、U''_2、I''_1、I''_2，如图 1.2.1（c）所示。这些电压、电流的参考方向均已在图 1.2.1 中标明。验证叠加定理，即验证式（1.2.1）成立，即

$$U_1 = U'_1 + U''_1$$
$$U_2 = U'_2 + U''_2$$
$$I_1 = I'_1 + I''_1$$
$$I_2 = I'_2 + I''_2 \qquad\qquad (1.2.1)$$

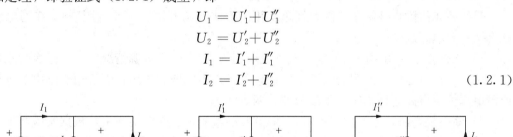

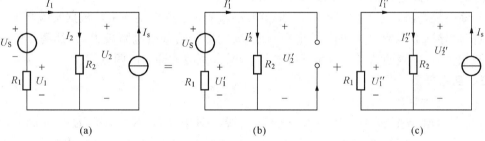

图 1.2.1　电压源、电流源共同作用与分别单独作用电路图
(a) 电压源、电流源共同作用；(b) 电压源单独作用；(c) 电流源单独作用

2. 基尔霍夫电流定律

在任一时刻，流出（或流入）集中参数电路中任一可以分割开的孤立部分的端子电流的代数和恒等于零，即

$$\sum I = 0 \ \text{或} \ \sum I_\text{入} = \sum I_\text{出} \qquad\qquad (1.2.2)$$

为验证基尔霍夫电流定律，可选一节点，如图 1.2.1（a）的节点，按图中的参考方向测定出各支路电流值，然后，自行约定流入或流出该节点的电流为正，将测得的各电流代入式（1.2.2），加以验证。

3. 基尔霍夫电压定律

按约定的参考方向，在任一时刻，集中参数电路中任一回路上全部元件对电压代数和恒等于零，即

$$\sum U = 0 \qquad\qquad (1.2.3)$$

4. 电流、电压的实际方向与参考方向的对应关系

参考方向是为了分析计算电路而人为设定的。实验中测量的电压、电流的实际方向，由

电压表电流表的"正端"所标明。在测量电压、电流时，若电压表、电流表的"正端"与参考方向的"正"一致，则该测量值为正值，否则为负值。

5. 电位与电位差

在电路中，电位的参考点选择不同，各节点的电位也相应改变，但任意两节点间的电位差不变，即任意两点间电压与参考点电位的选择无关。

6. 故障分析与检查排除

(1) 实验中常见故障。

1) 连线：连线错、接触不良、断路或短路。

2) 元件：元件错或元件值错，包括电源输出错。

3) 参考点：电源、实验电路、测试仪器之间公共参考点连接错误等。

(2) 故障检查。

故障检查方法很多，一般是根据故障类型，确定部位、缩小范围，在小范围内逐点检查，最后找出故障点并给予排除。简单实用的方法是用万用表（或电压表），在通电或断电状态下检查电路故障。

1) 电检查法。用万用表的电压挡（或电压表），在接通电源情况下，根据实验原理，电路某两点应该有电压，万用表测不出电压；某两点不应该有电压，而万用表测出了电压；或所测电压值与电路原理不符，则故障即此两点间。

2) 断电检查法。用万用表的电阻挡（或欧姆挡），在断电情况下，根据实验原理，电路某两点应该导通无电阻（或电阻很小），万用表测出开路（或电阻极大）；某两点应该开路（或电阻很大），但测的结果为短路（或电阻极小），则故障即在此两点间。

三、实验任务

1. 验证叠加定理

(1) 实验电路如图 1.2.2 所示，按图连线，图中 K1、K2、K3 为电流插座，$I_s=15\text{mA}$，$E_2=U_s=10\text{V}$，$R_1=R_3=R_4=510\Omega$，$R_2=1\text{k}\Omega$，$R_5=330\Omega$。使用电键 S1、S2 分别控制 E_1、E_2 在电路中的作用，自行规定参考方向，用电压表测量表 1.2.1 中各电压值；用电流表连接电流插头，分别插入电流插座 K1、K2，测量表 1.2.1 中各电流值，验证叠加定理的正确性。

(2) 将图 1.2.2 所示电路中的 R_5 换为二极管 VD，其余同 (1)。验证非线性电路不满足叠加定理，表格自拟。

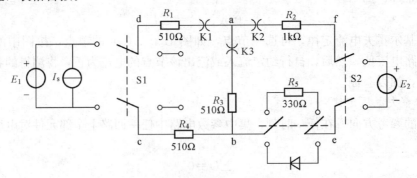

图 1.2.2　验证叠加定理电路图

表 1.2.1　　　　　　　　　　　　　　验 证 叠 加 定 理 数 据

E_1 与 E_2 共同作用	$U_{R1} =$	$U_{R2} =$	$I_{R1} =$	$I_{R2} =$
E_1 单独作用	$U'_{R1} =$	$U'_{R2} =$	$I'_{R1} =$	$I'_{R2} =$
E_2 单独作用	$U''_{R1} =$	$U''_{R2} =$	$I''_{R1} =$	$I''_{R2} =$
叠加结果				

2. 基尔霍夫定律与电位

（1）实验仍为图 1.2.2 所示电路及参数。测出电流 I_{R1}、I_{R2}、I_{R3} 值，记入表 1.2.2 中，依次测出回路 1（绕行方向：abcda）和回路 2（绕行方向：abefa）中各支路电压值，记入表 1.2.3 中。

（2）将测得的各电流、电压值分别代入式（1.2.2）、式（1.2.3）中，验证 KCL 和 KVL。

（3）分别以 c、e 为参考点，测量图 1.2.2 中各节点电位，将测量结果记入表 1.2.4 中，通过计算验证电路中任意两节点间的电压与参考点的选择无关。

表 1.2.2　　　　　　　　　　　　　　验 证 KCL 数 据

I_{R1}/mA	I_{R2}/mA	I_{R3}/mA	$\sum I$

表 1.2.3　　　　　　　　　　　　　　验 证 KVL 数 据

回路 1（abcda）	U_{da}/V	U_{ab}/V	U_{bc}/V	U_{dc}/V	$\sum U$
回路 2（abefa）	U_{ab}/V	U_{be}/V	U_{af}/V	U_{fe}/V	$\sum U$

表 1.2.4　　　　　　　　　　　　　不同参考点电位与电压

	测试值/V						计算值/V						
	V_a	V_b	V_c	V_d	V_e	V_f	U_{ab}	U_{bc}	U_{cd}	U_{da}	U_{fe}	U_{af}	U_{be}
C 节点													
E 节点													

3. 电路故障与分析

电路中设置开路或短路，以及电路中元件值、恒流源电流值、恒压源电压值发生变化等故障，试分析故障，并将故障名称填入表 1.2.5 中。

表 1.2.5　　　　　　　　　　　　故 障 名 称

故障 1	故障 2	故障 3	故障 4	故障 5	故障 6

四、预习与思考

（1）复习与本实验有关的定理、定律等。简述实验目的、实验原理；认真预习实验内容，画出实验线路图、表格等。

（2）测量电压、电流时，如何判断数据前的正、负号？符号的意义是什么？

（3）电位出现负值，其意义是什么？

（4）电路中需要±15V电源供电，现有两台0～30V可调稳压电源，问怎样连接才能实现其要求？试画出电路图来。

（5）进行叠加定理实验，不作用的电压源、电流源怎样处理？为什么？

五、注意事项

（1）使用指针式仪表时，要特别关注指针的偏转情况，及时调换表的极性，防止指针打弯或损坏仪表。

（2）验证KCL、KVL时，电流源的电流及电压源两端电压都要进行测量，实验中给定的已知量仅作参考。

（3）测量电压、电位、电流时，不但要读出数值来，还要判断实际方向，并与设定的参考方向进行比较，若不一致，则该数值前加"－"号。

（4）进行叠加定理实验，电压源单独作用时，不作用的电流源应从电路中去掉，并保持该支路开路状态；电流源单独作用时，不作用的电压源应从电路中拿掉，并保持该支路的短路状态。

六、实验报告要求

（1）将表1.2.1中的数据进行式（1.2.1）计算，验证叠加定理。

（2）根据实验中给出的参数：计算U_{R1}、U_{R1}'、U_{R1}''，并于实际值比较，分析产生误差的原因。

（3）表1.2.2、表1.2.3的数据，按式（1.2.2）、式（1.2.3）计算，验证KCL、KVL。

（4）计算表1.2.4中所列各值，与表1.2.3中的对应值进行比较，总结出有关参考点与各电压间的关系。

（5）分析故障，总结查找故障的体会。

七、试验用仪器

（1）试验用电阻元件1套或电路实验台相关挂箱。

（2）直流电压源、直流电流源各1台。

（3）直流电压表、直流电流表各1块。

（4）电流插头、插座3套。

1.3 戴维南、诺顿定理、电源等效变换、最大传输定理

一、实验目的

（1）验证戴维南、诺顿定理。

（2）了解含源一端口网络的外特性和电源等效变换条件。

（3）验证最大功率传输定理，掌握直流电路中功率匹配条件。

（4）初步掌握功率表的基本使用方法。

二、实验原理与说明

1. 戴维南定理

一个含独立电源、受控源和线性电阻的一端口网络，其对外作用可以用一个电压源串联

电阻的等效电源代替，其等效电压等于此一端口网络的开路电压，其等效内阻是一端口网络内部各独立电源置零后所对应的不含独立源的一端口网络的输入电阻（或称等效电阻），如图 1.3.1 所示。

2. 诺顿定理

此定理是戴维南定理的对偶形式。它指出，一个含独立电源、受控源和线性电阻的一端口网络，其对外作用可以用一个电流源并联电导的等效电源代替，其等效源电流等于此一端口网络的短路电流，其等效内导是一端口网络内部各独立电源置零后所对应的不含独立源的一端口网络的输入电导（或称等效电导），如图 1.3.1 所示。

从图 1.3.1 （b）等效电路可见，端口电压与端口电流之间的关系，即网络的外特性方程分别为

戴维南定理

$$U = U_{oc} - R_{in} I \tag{1.3.1}$$

诺顿定理

$$I = I_{sc} - \frac{U}{R_{in}} \tag{1.3.2}$$

这说明唯一确定一个含源一端口网络的外特性，需要两个参数，即网络的开路电压 U_{oc} 和输入电阻 R_{in}，或网络的短路电流 I_{sc} 和输入电导 G_{in}（$G_{in} = 1/R_{in}$）。根据式（1.3.1）或式（1.3.2），可以得到含源一端口网络的外特性曲线，如图 1.3.2 所示。

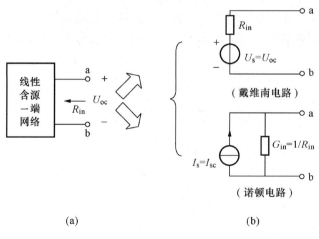
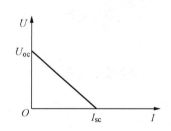

图 1.3.1　戴维南、诺顿等效电路　　　　图 1.3.2　含源一端口网络外特性曲线
（a）等效电路；（b）等效电阻

若含源一端口网络不允许开路或短路，可通过测试该端口两组电压、电流值，然后在 $U\text{-}I$ 平面上画出其对应的两个坐标点，过这两点作直线，与 U、I 轴的交点，即为开路电压和短路电流，而该端口的输入电阻为开路电压与短路电流的比值，即

$$R_{in} = \frac{U_{oc}}{I_{sc}}$$

3. 电源等效变换

由于实际电源存在一定内电阻 R_{in}，在正常工作区域内，随着输出电流的增加，输出电

压大致按线性规律下降。当电流增大超过额定值后，电压可能会急剧下降直至为零，此时电压源工作在非正常区，其特性曲线如图 1.3.3（a）所示。由图可知，在正常工作区域内，其端口特性方程 $U=U_s-R_{in}I$，可以等效为戴维南电路，如图 1.3.3（b）所示。

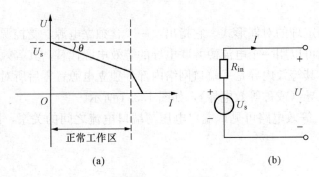

图 1.3.3　电压源外特性曲线及其等效电路

（a）特性曲线；（b）等效电路

同理，实际电流源存在一定内电导 G_{in}，在正常工作区域内，随着输出电阻的增加，输出电流大致按线性规律下降。当电压增大超过额定值后，电流也可能会急剧下降直至为零，此时电流源工作在非正常区，其特性曲线如图 1.3.4（a）所示。由图可知，在正常工作区域内，其端口特性方程 $I=I_s-G_{in}U$，可以等效为诺顿定理，如图 1.3.4（b）所示。

4. 最大功率传输定理

如前所述，一个实际电源或一个线性含源一端口网络，不管它内部具体电路如何，都可以等效的为理想电压源 U_s 和一个电阻 R_{in} 的串联支路，如图 1.3.5 所示。负载从给定电源获得功率，即

$$P = I^2 R_L = \frac{U_s^2 R_L}{(R_{in}+R_L)^2} \tag{1.3.3}$$

对上式求极值得 $R_L=R_{in}$ 时，P 值最大，此时负载 R_L 获得最大功率，即

$$P_{max} = I^2 R_L = \frac{U_s^2 R_L}{(R_{in}+R_L)^2} = \frac{U_s^2}{4R_{in}} \tag{1.3.4}$$

此时电路的效率为

$$\eta = \frac{P_{max}}{P} \times 100\% = \frac{I^2 R_L}{I^2(R_{in}+R_L)} \times 100\% = 50\%$$

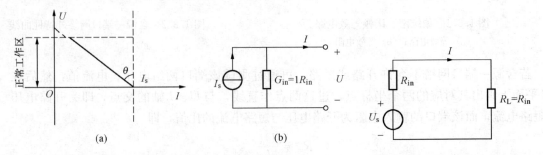

图 1.3.4　电流源外特性曲线及其等效电路　　　　图 1.3.5　负载从给定电源

（a）特性曲线；（b）等效电路　　　　　　　　　　获得功率电路

三、实验任务

1. 验证戴维南、诺顿定理

实验线路如图 1.3.6 所示，其 $U_s = 10V$，$I_s = 20mA$，$R_1 = 450\Omega$，$R_2 = 190\Omega$，$R_3 = 100\Omega$，R_L 为 0~600Ω 可调电阻。将 cd 支路取出，作为外电路，将其余部分作为含源一端口网络。

（1）测定图 1.3.6（a）所示一端口网络的开路电压 U_{oc} 及短路电流 I_{sc}，求出入端等效电阻 R_{in}。

（2）改变 R_L 值，测量该网络的外特性 $U = f(I)$，记入表 1.3.1 中。

（3）根据任务（1）测得的开路电压 U_{oc}，短路电流 I_{sc}，输入端等效电阻 R_{in} 值组成戴维南电路和诺顿电路，如图 1.3.6（b）、（c），改变 R_L 值，测量戴维南电路的外特性 $U' = f(I')$ 和诺顿电路的外特性 $U'' = f(I'')$，记入表 1.3.1 中。验证戴维南和诺顿定理的正确性。

表 1.3.1　　　　　　　　　　含源一端口网络及等效电路外特性数据

	改变 R_L	1	2	3	4	5	6	7	8
$U = f(I)$	I/mA	0							
	U/V								0
$U' = f(I')$	I'/mA	0							
	U'/V								0
$U'' = f(I'')$	I''/mA	0							
	U''/V								0

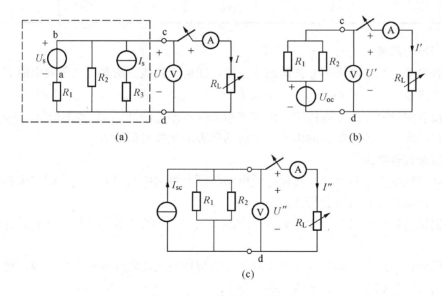

图 1.3.6　实验原理线路图

（a）含源一端口网络；（b）等效的戴维南电路；（c）等效的诺顿电路

2. 电源等效变换

实验中给定两个实际电源网络。测试其外特性（记录表格自拟），根据测试数据组成戴维南电路和诺顿电路，并测试其外特性，与原网络进行比较，判断是否正确。

3. 验证最大功率传输定理

（1）调 $U_L = \dfrac{1}{2} U_{oc}$，记录电阻 R_L、电流 I 和功率值 $P_{测}$（功率表的使用见附录），填入表 1.3.2 中。

表 1.3.2　　　　　　　　　　　　　　测量 $U_L = \dfrac{1}{2} U_{oc}$ 时的功率

U_L	$\dfrac{1}{2} U_{oc}$
R_L / Ω	
I/mA	
$P_{测} / \text{W}$	

（2）改变 R_L 值，测量端口电压 U_L、I 值，并根据 U_L、I 值计算 P' 和 P'' 值，填入表 1.3.3 中。其中：P' 为图 1.3.6（b）所示电路功率，P'' 为图 1.3.6（c）所示的功率。

表 1.3.3　　　　　　　　　　　　　　　验证最大功率传输定理数据

	R_L / Ω							
测量值	I/mA							
	U_L / V							
	$P_{测} / \text{W}$							
计算	$P_{测1} / \text{W}$							
	$P_{计2} / \text{W}$							

四、预习与思考

（1）若含源一端口网络不允许短路或开路，如何用其他方法测出其等效电阻 R_{in}？

（2）在组成图 1.3.6（b）、（c）电路时，U_{oc}、I_{sc} 值与图 1.3.6（a）中测量 U_S、I_S 值虽是同一块仪表测量电压源、电流源，但仪表指示值不能等同 U_{oc}、I_{sc} 的测量值。为什么？

（3）预习附录有关功率表的内容，掌握功率表的接线与读数方法。

五、实验报告要求

（1）证明戴维南等效电路、诺顿等效电路与原含源网络是等效的，在同一坐标纸上画出测得的外特性曲线，并加以分析比较。

（2）根据给定的网络参数用计算方法求出 U_{oc}、I_{sc} 和 R_{in}，并与实测值比较，分析误差原因。

（3）用坐标纸画出实验任务 2 中实际电源外特性曲线，判断哪个是电压源，哪个是电流源，并指出与其理想电压源、电流源的区别。

（4）根据电路参数求出理论上的 P_{max}，与实测值 $P_{测}$ 进行比较，计算相对误差。

（5）计算传输最大功率 $P_{测}$ 时电路的效率。

六、实验用仪器

（1）直流稳压电源、直流电流源各 1 台。

（2）万用表、直流毫安表、功率表各 1 块。

（3）电阻箱 1 个、滑线电阻 4 个或实验台挂箱。

1.4 交流参数的测量——三表法

一、实验目的

（1）了解实际电路器件在低频电路中的主要电磁特性，理解理想电路元件与实际器件的差异。明确在低频（或工频）条件下，测量实际器件的哪些主要参数。

（2）熟练掌握功率表的使用方法。

（3）掌握用电压表、电流表和功率表测定低频元件参数的方法。

（4）掌握调压变压器的正确使用。

二、实验原理与说明

交流电路中常用的实际无源元件有电阻器，电感器（互感器）和电容器。严格来讲，这些实际元件都不能用单一的电阻参数、电容参数和电感参数来全面地表征各自的电磁特征。

在低频（如工频）的情况下，电阻器周围的磁场和电场可以忽略不计，不考虑其电感和分布电容，将其看成是纯电阻。可用电阻参数来表征电阻器消耗电能这一主要的电磁特征。

电容器在低频时，可以忽略引线电感，忽略其介质损耗和漏导。可用电容参数来表征其储存和释放电能的特性。

电感器的物理原型是导线绕制的线圈，导线电阻不可忽略，在低频情况下，线匝间的分布电容可以忽略。因此，电感器的主要电磁特征为储存和释放磁能并伴随着电能的消耗。用电阻和电感（自感系数）两个参数来表征。对于互感，除了有自感（系数）和损耗电阻外，还有体现磁耦合特性的互感（系数）。

综上所述，在低频情况下，交流电路元件参数主要是电阻器的电阻参数、电感器的电阻参数和电感参数、电容器的电容参数。

测量低频电路元件参数的方法主要分为两类。一类是应用电压表、电流表和功率表等测量有关的电压、电流和功率，根据测得的电路量计算出待测电路参数，属于仪表间接测量法。另一类是应用专用仪表（如各种类型的电桥）直接测量电阻、电感和电容等。本实验采用仪表间接测量法。

三表法（电压表、电流表和功率表）是间接测量交流参数方法中最常用的一种。由电路理论可知，一端口网络的端口电压、端口电流及其有功功率的关系为

$$|Z| = \frac{U}{I} \quad \cos\varphi = \frac{P}{UI} \tag{1.4.1}$$

（1）电阻

$$R = |Z| = \frac{U}{I} \tag{1.4.2}$$

（2）电感

$$r = |Z|\cos\varphi; L = \frac{X_L}{\omega} = |Z|\frac{\sin\varphi}{\omega} \tag{1.4.3}$$

（3）电容

$$r = |Z|\cos\varphi; C = \frac{1}{\omega|Z|\sin\varphi} \tag{1.4.4}$$

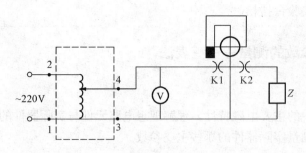

图 1.4.1　三表法测量阻抗的电路图

三表法测定交流参数的电路如图 1.4.1 所示。图 1.4.1 中 K1、K2 为电流插座，当被测元件分别是电阻器、电感器和电容器时，根据三表法测得的元件电压、电流和功率，应用以上有关的公式，即可算出对应的电阻参数、电感参数和电容参数。

以上所述交流参数的计算公式是在忽略测量仪表内阻抗的前提下推导出来的。若考虑测量仪表内阻抗，需对以上公式加以修正。修正后的参数为

$$R' = R - R_1 = \frac{P}{I^2} - R_1$$

$$X = \pm \sqrt{Z^2 - R'^2}$$

$$X' = X - X_1$$

式中：R、X 为修正前根据测量计算得出的电阻值；R_1、X_1 分别为电流表线圈及功率表电流线圈的总电阻值和总电抗值。

如果被测对象不是一个元件，而是一个无源一端口网络，只根据三表测得的端口电压、端口电流和该网络所吸收的功率，不能确定网络的等效复阻抗是容性还是感性。因此也不能确定是根据式（1.4.3）求其等效电感，还是根据式（1.4.4）求其等效电容。

判断被测复阻抗性质可采用以下几种方法。

（1）示波器法。应用示波器观察无源一端口网络的端口电压及电流的波形，比较其相位差。电流超前为容性复阻抗，电压超前为感性复阻抗。

（2）与被测网络并联电容法。在被测网络两端并接一个适当容量的电容器，若电流表的读数增大，则被测网络为容性；若电流表的读数减少，则被测网络为感性。

实验电容器的电容量可根据下列不等式选定，即

$$B' < 2B$$

式中：B' 为实验电容的容纳；B 为被测无源一端口网络的等效电纳。

三、实验内容

（1）按图 1.4.1 接线，分别测定滑线电阻、电感线圈和电容器的等效参数。每个元件各测三次，求其平均值，见表 1.4.1～表 1.4.3。

表 1.4.1　　　　　　　　　　　　电 感 的 测 量 数 据

次序	测试记录			计算结果	
	U（V）	I（A）	P（W）	R（Ω）	L（H）
1					
2					
3					
平均值					

表 1.4.2　　　　　　　　　　　　电 容 的 测 量 数 据

次序	测试记录			计算结果	
	U（V）	I（A）	P（W）	R（Ω）	C（μF）
1					
2					
3					
平均值					

表 1.4.3　　　　　　　　　　　　电 阻 的 测 量 数 据

次序	测试记录			计算结果
	U（V）	I（A）	P（W）	R（Ω）
1				
2				
3				
平均值				

（2）把表 1.4.1～表 1.4.3 所测的三个元件，按图 1.4.2 连接成一个无源一端口网络，再按图 1.4.1 接线，测定该一端口网络的等效参数。用并联一个小实验电容的方法，判断其阻抗角 φ 的正、负。

（3）自行设计实验线路，完成预习思考题（2）。

四、注意事项

（1）测试电路的电流限制在 1A 以内。功率表电压线圈上的电压和电流线圈中电流不得超过功率表的额定电压量程和额定电流量程。

（2）图 1.4.3 为调压变压器的接线端。1、2 为输入端，3、4 为输出端。1、2 两端输入的额定电压为 220V；1、3 是输入、输出的公共端，一般接零线。输入端与输出端绝对不允许接反。

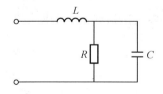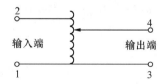

　　　图 1.4.2　无源一端口网络　　　　　图 1.4.3　调压变压器的接线端

单相调压器使用时，先把电压调节手轮调在零位，接通电源后再从零位开始升压。每做完一项实验，随手把调压器调回零位，然后断开电源。

（3）功率表的正确使用方法参阅附录。

五、预习思考题

（1）调压变压器的输出端与输入端接反了会产生什么后果？

（2）设计一个实验线路，要求：用三表法测量交流元件参数时，在被测元件两端并接电容可以判断元件的性质，并用向量图加以说明。

（3）画出测量线路。预习所用仪表设备的工作原理、使用方法及注意事项。

六、实验报告要求

（1）根据测试结果，计算各元件的等效参数，并与实际设备参数进行比较。

（2）用各元件的等效参数，计算图 1.4.2 所示无源一端口网络的等效阻抗，并与实验结果进行比较。

（3）回答思考题（1）、（2）。

七、使用仪器设备

（1）调压变压器（220/0～250V，1kVA）1 只。

（2）交流电压表（75/150/300V）1 只。

（3）交流电流表（0.5/1A）1 只。

（4）功率表 1 只。

（5）电感线圈（0.3H 或 0.25H）1 只。

（6）电容箱（0～20μF）1 只。

（7）滑线电阻 1 只。

1.5 RLC 串联谐振电路的研究

一、实验目的

（1）加深对串联谐振电路特性的理解。

（2）学习测定 RLC 串联谐振电路的频率特性曲线。

（3）学习使用低频信号发生器和毫伏表。

二、原理及说明

1. RLC 串联谐振电路

在图 1.5.1 所示的 RLC 串联电路中，电路的阻抗是电源角频率 ω 的函数，即

$$Z = R + \mathrm{j}\left(\omega L - \frac{1}{\omega C}\right) = |Z| \angle \varphi$$

如图 1.5.2 所示，当 $\omega L - \frac{1}{\omega C} = 0$ 时，电路处于串联谐振状态，谐振角频率为

$$\omega_0 = \frac{1}{\sqrt{LC}}$$

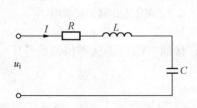

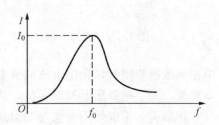

图 1.5.1 RLC 串联电路   图 1.5.2 阻抗电流和频率的关系

谐振频率为

$$f_0 = \frac{1}{2\pi\sqrt{LC}}$$

显然,谐振频率仅与元件 L、C 的数值有关,而与电阻 R 和励磁电源的角频率无关。

2. 电路处于谐振状态时的特性

(1) 由于回路总电抗 $X_0 = \omega_0 L + \dfrac{1}{\omega_0 C} = 0$,因此,回路阻抗 Z_0 为最小值,整个电路相当于一个纯电阻电路,励磁电源的电压与回路的响应电流同相位。

(2) 由于感抗 $\omega_0 L$ 与容抗 $\dfrac{1}{\omega_0 C}$ 相等,所以,电感上的电压 U_L 与电容上的电压 U_C 数值相等,相位相差 $180°$。电感上的电压(或电容上的电压)与励磁电压之比称为品质因数 Q,即

$$Q = \frac{U_L}{U_s} = \frac{U_c}{U_s} = \frac{\omega_0 L}{R} = \frac{\dfrac{1}{\omega_0 C}}{R} = \frac{\sqrt{\dfrac{L}{C}}}{R}$$

在 L 和 C 为定值的情况下,品质因数仅仅决定于回路电阻 R 的大小。

(3) 在激励电压值(有效值)不变的情况下,回路中的电流 $I = \dfrac{U_s}{R}$ 为最大值。

3. 串联谐振电路的频率特性

回路的响应与励磁电源的角频率的关系称为电流的幅频特性(表明其关系的图形为串联谐振曲线),表达式为

$$I(\omega_0) = \frac{U_s}{\sqrt{R^2 + \left(\omega L - \dfrac{1}{\omega C}\right)^2}} = \frac{U_s}{R\sqrt{1 + Q^2\left(\dfrac{\omega}{\omega_0} - \dfrac{\omega_0}{\omega}\right)^2}}$$

如果保持外施电压的有效值 U 及电路的 L 和 C 不变时,则改变 R 的大小,可以得出不同 Q 值的电流幅频特性曲线,如图 1.5.3 所示。

显然,Q 值越高,曲线越尖锐。

为了反映一般情况,通过研究电流比 I/I_0 与角频率比 ω/ω_0 之间的函数关系,即通用幅频特性,其表达式为

$$\frac{I}{I_0} = \frac{1}{\sqrt{1 + Q^2\left(\dfrac{\omega}{\omega_0} - \dfrac{\omega_0}{\omega}\right)^2}}$$

I_0 为谐振时的回路响应电流。

图 1.5.4 画出了不同 Q 值时的通用幅频特性曲线。显然 Q 值越高,在一定的频率偏移下,电流比下降越厉害,谐振电路的选择性就越好。

幅频特性曲线可以计算得出,或用实验方法测定。

在串联谐振电路中,电感电压为

$$U_L = I \cdot \omega L = \frac{\omega L U_s}{\sqrt{R^2 + \left(\omega L - \dfrac{1}{\omega C}\right)^2}}$$

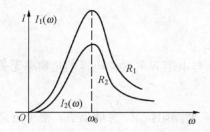
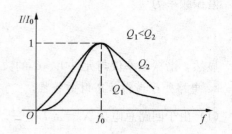

图 1.5.3　不同 Q 值的电流幅频特性曲线　　　　图 1.5.4　不同 Q 值时的通用幅频特性曲线

电容电压为

$$U_\text{C} = I \cdot \frac{1}{\omega C} = \frac{U_\text{s}}{\omega C \sqrt{R^2 + \left(\omega L - \frac{1}{\omega C}\right)^2}}$$

显然，U_L 和 U_C 都是励磁源角频率 ω 的函数，U_L（ω）和 U_C（ω）曲线可参考相关教材。

当 $Q>0.707$ 时，U_L 和 U_C 才能出现峰值，U_C 的峰值出现在 $\omega = \omega_0$ 处，U_L 的峰值出现在 $\omega = \omega L > \omega_0$ 处。Q 值越高，出现峰值处离 ω_0 越近。

注意：在频域范围内，交流电压、电流的频率远远超过工频 50Hz。这时测量就不能选用普通交流电表，因其频率范围较窄（如 T10-A 交直流两用电流表的频率范围为 0～1500Hz）。普遍采用毫伏表来测量高频电压。它不但频率范围宽（25Hz～200kHz），且输入阻抗大，灵敏度高。

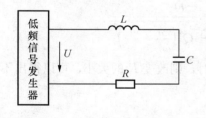

图 1.5.5　实验线路

三、实验内容

（1）测量 R、L、C 串联电路响应电流的幅频特性曲线和 U_L(ω)、U_C(ω) 曲线。

按图 1.5.5 接线。在试验过程中要始终保持低频信号发生器输出电压 $U_\text{i} = 4\text{V}$ 不变，测量不同频率下的 U_R、U_L 和 U_C 值。

为了取点合理，可先将频率由低到高初测一次，注意找出谐振频率 f_0 以及出现 U_C 和 U_L 最大值时的频率 f_C 和 f_L。画出初测曲线草图，然后，再根据曲线形状选取频率，进行正式测量。将数据记录于自拟表格中。

其中：$U_\text{i} = 4\text{V}$，$C = 0.1\mu\text{F}$，$L = 0.3\sim0.25\text{H}$，$R_1 = 510\Omega$，$R_2 = 960\Omega$。

（2）保持 U_i 和 L、C 数值不变，改变电阻 R 的数值（即改变电路 Q 值），重复上述实验，并将 U_R 的数据记录。

四、注意事项

（1）使用毫伏表时，每改变一次量程，都应矫正零点。

（2）在谐振频率附近，应多取几个数据。

（3）每次改变频率时，都要用毫伏表测量低频信号发生器的输出电压，并调节输出电压使之保持为 4V 不变。

五、预习要求

（1）本次实验要求做两条通用曲线。给定电感线圈的参数 $L = 0.25\sim0.3\text{H}$，$C =$

$0.1\mu F$，直流电阻 $R=510\Omega$、$R_2=960\Omega$，试确定 f_0 值及电路中的 Q 值。

（2）根据给出的仪器设备，考虑实验步骤，准备记录数据的表格。

（3）如何判断 RLC 串联电路达到谐振状态？

（4）RLC 串联电路在谐振时，电容器两端的电压会大于电源电压吗？为什么？

（5）RLC 串联电路在谐振时，电阻箱两端的电压会大于电源电压吗？为什么？

六、实验报告要求

（1）根据实验数据，在坐标纸上绘出不同的 Q 值下的通用幅度特性曲线，即 $U_C(\omega)$、$U_L(\omega)$ 曲线。

（2）计算 Q、I_0、f_0 的数值并与实验数值相比较。

（3）根据实验结果总结 R、L、C 串联谐振电路的主要特点。

七、仪器设备

（1）低频信号发生器 1 台。

（2）交流毫伏表 1 台。

（3）万用表 1 块。

（4）实验板 1 块。

1.6　并联谐振及功率因数的提高

一、实验目的

（1）测定 LC 并联电路的谐振曲线，加深对并联谐振特点的理解。

（2）了解提高功率因数的方法和意义。

（3）了解日光灯的工作原理。

二、实验原理

（1）用电设备中，多数是电感性负载。本实验用 40W 镇流器和 40W 白炽灯并联，模拟电感性负载，一般电感性负载功率因数较低，通常用并联适当的补偿电容器来提高功率因数。并联电容后，由于电感性负载支路的感性电流与电容支路的容性电流相互补偿，总电流可以降低，功率因数随之提高，当功率因数提高到 1 时，电路呈现并联谐振状态。

假定电感性负载电路的功率因数从 $\cos\varphi$ 提高到 $\cos\varphi'$，则所需电容器的电容值计算公式为

$$C = \frac{P}{\omega U^2}(\tan\varphi - \tan\varphi')$$

其中

$$\omega = 2\pi f (f = 50\text{Hz})$$

式中：U 为电源电压，V；P 为电路所消耗的有功功率，W。

本实验中电容器采用电容箱，并联电路原理图如图 1.6.1 所示。

（2）在图 1.6.1 所示的并联电路中，其输入端等值复导纳为

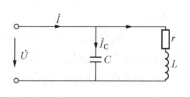

图 1.6.1　并联电路

$$Y = \frac{r}{r^2 + (\omega L)^2} - j\frac{\omega L}{r^2 + (\omega L)^2} + j\omega C$$

如果满足一定条件，使并联电路的感纳$\left[B = \frac{\omega L}{r^2 + (\omega L)^2} \right]$和容纳（$B_C = \omega C$）相等，此时，电路中的电流与励磁电压同相位，电路发生并联谐振。谐振时

$$\frac{-\omega L}{r^2 + (\omega L)^2} + \omega C = 0$$

解上式得谐振角频率为

$$\omega_0 = \frac{1}{\sqrt{LC}}\sqrt{1 - \frac{Cr^2}{L}}$$

在谐振时，电路中的电流为

$$I = |Y|U = \frac{r}{r^2 + (\omega L)^2}U$$

由以上分析可知，对于内阻较小的并联电路，在谐振频率附近，电路将呈现高的阻抗值，如果电路由电压源供电，且令 U 值不变，则电流值较小；反之，若电路由电流源供电，则电路两端将呈现高电压。

（3）日光灯电路的原理说明。日光灯又称荧光灯，由灯管、镇流器和启辉器三部分组成，其电路如图 1.6.2 所示。日光灯是一根充有少量水银蒸气的细长玻璃管，管内壁涂有一层荧光物质，灯管两端各有一组灯丝，灯丝上涂有易使电子发射的金属氧化物。

日光灯镇流器是一个具有铁芯的电感线圈，镇流器应与相应规格的灯管配套使用。

日光灯启辉器也称日光灯继电器，它在日光灯电路中起自动开关的作用。启辉器的小玻璃泡内有两个电极，一个为静触点，另一个为 U 形双金属片构成的动触点。双金属片在热胀冷缩时具有自动开关的作用。在两个电极上并联有一个小电容，主要用于消除日光灯启动时对附近无线电设备的干扰。

日光灯发光的工作过程：在图 1.6.2 所示的电路中，当电源刚接通时，电源电压全部加在启辉器两端（此时日光灯灯管尚未点亮，在电路中相当于开路），启辉器两电极间产生辉光放电，使双金属片受热膨胀而与静触点接触，电源经镇流器、灯丝、启辉器构成电流通路使灯丝预热。经 1~3s 后，由于启辉器的两个电极接触使辉光放电停止，双金属片冷却使两个电极分离。在电极断开的瞬间，电流被突然切断，于是在镇流器两端产生较高的自感电动势（可达 400~600V），这个自感电动势与电源电压共同加在已预热的灯管两端的灯丝间，使灯丝发射大量电子，并使管内气体电离而放电，产生的大量紫外线激发荧光物质发出近似日光的光线来，因此称为日光灯，又称荧光灯。日光灯点亮后，灯管近似一个纯电阻。由于镇流器与日光灯串联，它具有较大的感抗，所以又能限制电路中的电流，维持日光灯管的正常工作。

（4）在供电系统中，用户大部分负载都是感性的，它的功率因数一般都很低。因而增加输电线路的功率损耗，降低了传输效率。因此，提高感性负载的功率因数是很有必要的。提高功率因数的方法中，通常是在感性负载并联电容器以提高功率因数。

图 1.6.3 是本实验的线路图，调节电容器，在不同的 C 值下量出相应的电流 I，负载端电压 U_2，电源输出功率 P_1 和负载吸收功率 P_2，由此计算出相应的负载的功率因数为

$$\cos\varphi = \frac{P_2}{U_2 I}$$

及传输效率为

$$\eta = \frac{P_2}{P_1}$$

取不同的值 C 进行比较，可以看出，并联电容能提高感性负载的功率因数。

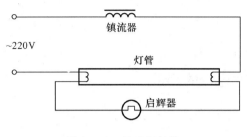

图 1.6.2　日光灯结构

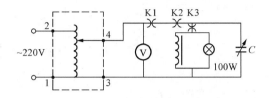

图 1.6.3　实验电路

三、实验内容

（1）按图 1.6.3 接线。从零开始改变 C 值，测出相应的电压、功率及各电流值，数据记录于表 1.6.1 中。（注意要选取出谐振点各值）

表 1.6.1　　　　　　　　　　　实　验　数　据

C（μF）										
U（V）										
I（mA）										
I_1（mA）										
I_2（mA）										
P（W）										

（2）自拟线路，完成下面预习及思考题（3）。

四、注意事项

（1）功率表和调压器的使用参阅附录。

（2）实验线路接好后必须经过老师的检查，否则不允许通电实验。

五、预习及思考题

（1）怎样根据交流电流表的读数判断 $\cos\varphi' = 1$ 时电路的状态？

（2）并联电容后，功率表的读数有无变化？

（3）为什么要用并联电容的方法提高功率因数，串联电容行不行，试分析之。

六、实验报告要求

（1）根据测得的数据，做出在 $C = 0$ 和 $C = 6\mu$F 时的电路的电压、电流的向量图，总结并联电容对感性负载工作情况的影响。

（2）计算在不同的电容值时电路的功率因数。

（3）根据实验确定将感性负载功率因数提高到 1 时所需并联的电容值。

（4）在同一坐标纸上画出 $\cos\varphi' = f(C)$ 及 $I = f(C)$ 曲线。

(5) 回答上面的预习及思考题。

七、仪器设备

(1) 调压变压器 1 台。

(2) 交流电压表 1 台。

(3) 交流电流表 1 台。

(4) 功率表 1 台。

(5) 感性负载 1 套。

(6) 电容箱 1 套。

1.7 三相电路中电压和电流的测量

一、实验目的

(1) 学习三相负载的正确接线方法。

(2) 通过三相电路中电压电流的测量，验证线电压与相电压、线电流与相电流之间的关系。

(3) 比较三相供电方式中三线制和四线制的特点。

(4) 中线的作用以及相序的判断。

二、实验原理

(1) 三相负载的星形连接和三角形连接。

1) 在星形连接电路中，又分为有中线和无中线两种情况。在对称三相电路中，根据理论分析可知，其线电压和相电压之间有 $\sqrt{3}$ 关系，即

$$U_L = \sqrt{3} U_P$$

2) 在三角形连接中，其线电流与相电流之间有 $\sqrt{3}$ 关系，即

$$I_L = \sqrt{3} I_P$$

在负载不对称的三相电路中，都采用三相四线制。

(2) 三相负载电压电流的测量。

1) 电压的测量。在三相四线制电路中，不论负载对称与否，各相相电压与线电压都是对称的，只要测量其中一相即可。但若负载不对称且中线断开时，尽管线电压对称，各相负载相电压却不对称，某相相电压可能超过负载额定电压而造成设备损坏，这是一种故障状态。此时应测量三个相的负载相电压以判断故障之所在。中线的作用是保证不对称负载各相相电压对称，使设备正常工作。

在三相三线制电路中（三角形负载或对称星形负载），各相线电压总是对称的，等于电源线电压，原则上只要测量其中一相即可。但若存在线路故障，也可能有缺相或不对称的情况，应对其余两相作检查性测量。

2) 电流的测量。不论三线制还是四线制电路，对称负载各相电流相等，只要测量一相即可。而不对称负载则三相相电流和线电流都不对称，必须各相分别测量。对三角形负载要测量六个电流。

(3) 三相电源的相序可根据中性点位移原理用实验方法来确定。相序指示器电路如

图 1.7.1 所示，负载的一相为电容器，另外两相是两只同样功率的白炽灯。由于三相负载不对称，可以证明，各相负载上的电压将有所不同，适当选择电容的大小，两只白炽灯的亮度明显不同。如果将接电容的一相称为 A 相，则白炽灯较亮的一相为 B 相，较暗的一相为 C 相。

（4）实验对称负载为每相灯泡 40W 1 只或 2 只串联，不对称负载为一相用电容 4μF，其余不变。

三、实验内容

用交流电压表测三相电源的线电压和相电压，了解实际电源的对称性。

1. 星形负载实验

负载按图 1.7.2 所示接成星形连接。

（1）对称星形负载连接时，测线电压、相电压和相电流，并验证线电压和相电压的关系。

（2）断开任一相负载，测量负载端的线电压和相电压、相电流，分析线电压和相电压之间关系的变化。

（3）不对称星形四线制连接时，测量线电压、相电压和相电流以及中线电流。

（4）不对称星形三线制连接时，测量线电压、相电压和相电流以及中性点之间的电压。此时就是相序器的情况，如果已接有电容的一相为 A 相，则正序的 B 相灯比 C 相灯亮。

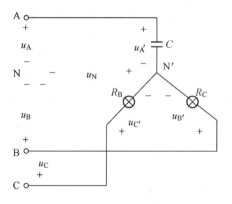

图 1.7.1　相序指示器的电路

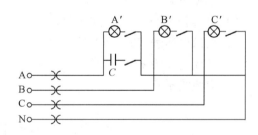

图 1.7.2　星形负载实验线路

2. 三角形负载实验

负载按图 1.7.3 接成三角形连接。

（1）对称负载时，测量线电压、线电流和相电流，验证线电流和相电流的关系。

（2）不对称负载时，测量线电压、线电流和相电流，分析线电流和相电流之间关系的变化。

四、注意事项

电压较高，注意安全，换接线路时必须切断电源。

五、预习及思考题

（1）将图 1.7.4 接成星形连接并和三相电流测量插座及电源相连。要求一次接线能完成实验内容中各项要求。

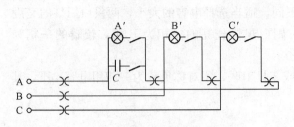

图 1.7.3　三角形负载实验线路

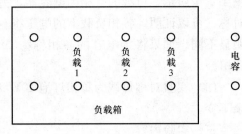

图 1.7.4　实验设备

（2）将图 1.7.4 所示负载箱接成三角形接法的三相对称负载。

（3）在三相四线制中，为什么中线不允许接保险丝？

（4）了解测量三相电源相序的原理。

六、报告要求

（1）根据实验数据，验证对称三相电路中线电压与相电压、线电流与相电流之间的关系，并说明中线的作用。

（2）根据实验数据，画出对称三相电路中断开一相负载后其电压与电流的向量图。

（3）根据实验数据，画出星形不对称负载情况下的各线电流和 AB 相电流的向量图（以 U_{ab} 为参考向量）。

（4）根据实验中的现象，总结中线的作用。

七、仪器设备

（1）三相负载（负载箱）1 台。

（2）电容箱（0～20 微法）1 只。

（3）交流电压表（250/500V）1 块。

（4）交流电流表（1A/2A）1 块。

（5）电流测量座 2 块。

1.8　电子示波器和信号发生器的使用

一、实验目的

（1）了解示波器的工作原理和技术指标。

（2）熟悉示波器面板上各旋钮的作用及其正确使用方法。

（3）用示波器测量信号的幅值、频率和两个同频率正弦信号的相位关系。

（4）学习使用低频信号发生器。

二、实验原理

（1）信号发生器是一种能提供不同类型时变信号的电压源。电路验实常用的信号发生器是函数发生器，能产生正弦波、方波、三角波、锯齿波和脉冲波等信号。

示波器作为一种实用的时域仪器，可用来观察电信号的波形并定量测试被测波形的参数，如幅度、频率、相位和脉宽等。

（2）用示波器进行电压测量，就是将被测电信号输入给示波器，通过在荧屏上的波形显示来进行定量或定性的分析。图 1.8.1 形是用示波器测量信号发生器输出的测试电路，图中符号⊙为测试电缆线插头，其外圆是指与仪器外壳相连通的插口底座，中间的小圆指信号发生器的输出端点或示波器的输入端点，接测试探头时，要注意示波器，信号发生器的"共地"连线，即两仪器相连时，将各自测试探头的两黑鱼夹连在一起。红的鱼夹相连。

用示波器观测电流波形，可采用间接测量法，即测量被测支路已知电阻上的电压，根据电阻与电流同相位的关系，而得到电流波形。若被测支路中无电阻元件，需串接一个取样电阻 R，如图 1.8.2 所示。为减小取样电阻对原电路的影响，通常取 $R \ll |Z|$。

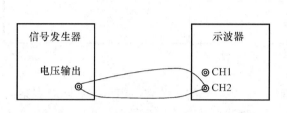

图 1.8.1 波器测试信号源输出

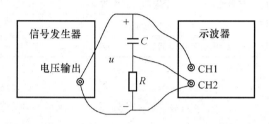

图 1.8.2 示波器同时测试 u 及 i 信号实验电路

当使用示波器同时观察两个信号时，要注意示波器 CH1 与 CH2 通道的接地端是相连的。信号发生器和示波器的接地端应接到一起，否则可能造成电路局部短路。图 1.8.2 为示波器同时测试 u 及 I 信号的实验电路。

三、实验内容

（1）熟悉示波器各开关的位置以及作用。将示波器两测试线分别短接，适当调节各旋钮，使荧光屏上出现两条水平线。

（2）示波器的自检。将示波器 CH1 或 CH2 输入端测试线接到示波器"标准信号"输入端。测出该"标准信号"的峰-峰值与周期，并与示波器给出的标准值进行比较。结果记入表 1.8.1 中。

表 1.8.1　　　　　　　　　　**示波器的自检实验数据**

校验挡位　校验结果	Y 轴（峰-峰值）		X 轴（每周期格数）	
	1V/div 挡	0.2v/div 挡	0.5ms/div 挡	0.2ms/div 挡
示波器应显示格数/cm				
示波器实际显示格数/cm				
校验结论（误差）				

（3）信号发生器输出电压幅值的测量。将信号发生器输出调为 $f = 1\text{kHz}$，波形选正弦波，用示波器和交流电压表分别测量信号发生器输出电压的幅值，记入表 1.8.2 中，并将结果进行比较，选取一组数据画出波形图。

表 1.8.2　　　　　　　　　　**信号发生器输出电压幅值的实验数据**

测量次数	1	2	3	波形	$U =$
交流电压表读数					
示波器测量峰-峰值					
计算所得有效值					

（4）示波器测量信号的频率。将示波器接入信号发生器输出端，信号发生器输出端调为 $U_{P-P}=4V$，波形选方波，频率分别为 200Hz、1650Hz、5kHz（由信号发生器频率显示读出），用示波器测出被测信号的频率，结果记入表 1.8.3 中，选取一组数据画出波形图。

表 1.8.3　　　　　　　　示波器测量信号的频率实验数据

信号发生器输出频率		200Hz	1650Hz	5000Hz	波形	$F=$
示波器测量	示波器"TIME/div"挡					
	一个周期占有格数（cm）					
	信号周期（ms）					
计算所测得周期的频率（Hz）						

（5）按图 1.8.3 所示接线。

1）信号发生器输出频率 $f=1kHz$、峰-峰值 $U_{P-P}=4V$ 的正弦波，用示波器同时观察信号源输出电压与电容电压的波形，调节 R 或 C，观察波形的变化。记录 $R=2k\Omega$，$C=0.2\mu F$ 时观察到的波形，并测出它们的相位差。

2）固定 R、C 的值，改变信号发生器的频率，观察电容电压的波形变化，并自拟表格做记录。

（6）按图 1.8.4 接线，信号发生器输出频率 $f=1kHz$，峰-峰值电压 $U=4V$ 的正弦波，调节 R 及 L 的值，观察并记录 u 与 I 的波形。

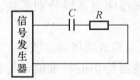

图 1.8.3　RC 电路

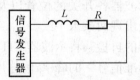

图 1.8.4　RL 电路

四、注意事项

（1）本实验所用示波器是较贵重的仪器，要求在使用时，不要随便扭动各旋钮的位置，应根据实际情况，有选择地调节。

（2）使用过程中，应避免频繁开关电源，以免损坏示波器，暂时不用时，只需将荧光屏的亮度调暗即可。

（3）荧光屏上所显示的亮点或波形的亮度要适当，光点不要长时间停留在一点上，以免损伤荧光屏。

（4）示波器的地端应与被测信号电压的地端接在一起，以避免引入干扰信号。

（5）若同时使用双通道时，则公共地线不要接错。

五、预习及思考题

（1）阅读第 5 章常用仪器简介与使用方法中有关示波器和信号发生器的内容，了解它们的工作原理、面板上各旋钮的作用和调节方法。

（2）示波器接通电源后，电源指示灯是亮的，但荧光屏上并无光点，这时应调节哪些旋钮？

（3）如果示波器通道"CH₂ 轴"输入端输入一个正弦波，而荧光屏上只有一条垂直线，这是什么原因？应调节哪些旋钮才能观察到波形？

（4）用示波器观察到正弦电压波形如图 1.8.5 所示。如果示波器 Y 轴衰减标尺挡位为 1V/cm，示波器的扫描速率开关挡位为 1ms/cm，则该信号的峰-峰值 $U_{\text{P-P}}=$_____ （V），幅值 $U_{\text{m}}=$_____ （V），有效值 $U=$_____ （V），周期 $T=$_____ （ms），频率 $f=$_____ （Hz）。若要在荧光屏上显示四周期的个波形，则时基标尺应置于_____挡位。

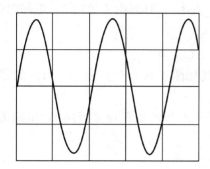 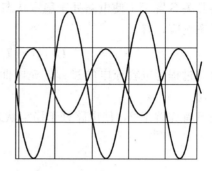

图 1.8.5　正弦波形

（5）同时观察两个通道的输入信号时，"Y 轴工作方式"开关应置于_____挡位，"触发源"开关一般应置于_____位置。图 1.8.5 中两个同频率正弦电压的相位差角是_____。

提示：

$$相位差角\ \varphi = \frac{X\ 方向两个波形起点之间的距离(cm)}{X\ 方向一个周期所占有的距离(cm)} \times 360°$$

六、实验报告要求

（1）按照实验任务的顺序，用坐标纸画出所观察到的波形并标明参数，与信号源显示的频率值进行对照。

（2）回答上面的预习及思考题。

（3）记录各实验仪器规格型号。

七、实验设备

（1）信号发生器 1 台。

（2）双踪示波器 1 台。

（3）电容箱、电阻箱、电感各 1 个。

（4）稳压电源 1 台。

1.9　一阶电路暂态过程的研究

一、实验目的

（1）研究一阶 RC 电路的零输入响应、零状态响应和全响应的变化规律和特点。

（2）研究一阶电路在阶跃激励和方波励磁情况下，响应的基本规律和特点。测定一阶电路的时间常数 τ，了解电路参数对时间常数的影响。

（3）掌握积分电路和微分电路的基本概念。

（4）研究一阶动态电路阶跃响应和冲激响应的关系。

（5）学习用示波器观察和分析一阶电路的响应。

二、实验原理

（1）含有动态元件的电路，其电路方程为微分方程。用一阶微分方程描述的电路，为一阶电路。图 1.9.1 所示为一阶 RC 电路。

首先将开关 S 置于 1 使电路处于稳定状态。在 $t=0$ 时刻由 1 扳向 2，电路对励磁 U_s 的响应为零状态响应，有

$$U_C(t) = U_s - U_s e^{-\frac{t}{RC}}$$

这一暂态过程为电容充电的过程，充电曲线如图 1.9.2（a）所示。电路的零状态响应与励磁成正比。

若开关 S 首先置于 2，使电路处于稳定状态，在 $t=0$ 时刻由 2 扳向 1，电路为零输入响应，有

$$u_C(t) = U_s e^{-\frac{t}{RC}}$$

这一暂态过程为电容放电过程，放电曲线如图 1.9.2（b）所示。电路的零输入响应与初始状态成正比。

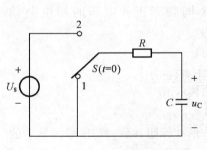

图 1.9.1　RC 一阶电路实验原理图

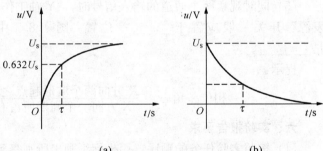

(a)　　　　　　　(b)

图 1.9.2　RC 电路的零状态响应和零输入响应

(a) 充电曲线；(b) 放电曲线

　　动态电路的零状态响应与零输入响应之和称为全响应。全响应与励磁不存在简单的线性关系。

　　（2）动态电路在换路以后，一般经过一段时间的过渡过程后便达到稳态。由于这一过程不是重复的，所以不易用普通示波器来观察其动态过程（普通示波器只能显示重复出现的，即周期性的波形）。为了能利用普通示波器研究如上电路的充放电过程，可由方波励磁实现一阶电路重复出现的充放电过程。其中方波励磁的半周期 $T/2$ 与时间常数 τ（$=RC$）之比保持在 5：1 左右的关系，可使电容每次充、放电的暂态过程基本结束，再开始新一次的充、放电暂态过程（见图 1.9.3）。其中充电曲线对应图 1.9.1 所示电路的零状态响应，放电曲线对应该电路的零输入响应。

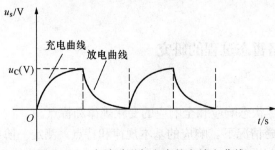

图 1.9.3　方波励磁与电容的充放电曲线

（3）RC 电路充、放电的时间常数 τ 可从示波器观察的响应波形中计算出来。设时间坐标单位确定，对于充电曲线，幅值由零上升到终值的 63.2% 所需要的时间为时间常数 τ。对于放电曲线，幅值下降到初值的 36.8% 所需的时间同为时间常数 τ，如图 1.9.2 所示。

（4）一阶 RC 动态电路在一定的条件下，可以近似构成微分电路或积分电路。

当时间常数 τ（$=RC$）远远小于方波周期 T 时，图 1.9.4（a）所示为微分电路。输出电压 $u_o(t)$ 与方波励磁 $u_s(t)$ 的微分近似成比例，输入、输出波形如图 1.9.4（b）所示。从中可见，利用微分电路可以实现从方波到尖脉冲波形的转变。

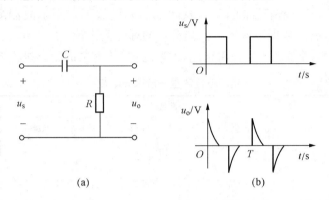

图 1.9.4 微分电路及其输入、输出波形
（a）微分电路；（b）输入、输出波形

当时间常数 τ（$=RC$）远远大于方波周期 T 时，图 1.9.5（a）所示为积分电路，输出电压 $u_o(t)$ 与方波励磁 $u_s(t)$ 的积分近似成比例。输入、输出波形如图 1.9.5（b）所示。从中可见，利用积分电路可以实现从方波到三角波的转变。

（5）冲激函数是阶跃函数的导数，冲激响应则是阶跃响应的导数。动态电路的阶跃响应与冲激响应的关系可通过微分电路由示波器观察到，实验电路如图 1.9.6 所示。

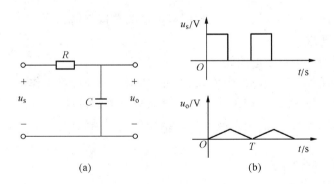

图 1.9.5 积分电路及其输入、输出波形
（a）积分电路；（b）输入、输出波形

三、实验任务

实验任务（1）～（3）应用普通示波器观察动态波形。

（1）将图 1.9.4（a）所示一阶（微分）电路接至峰-峰值一定、周期 T 一定的方波信号

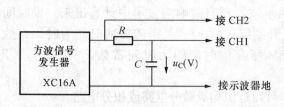

图 1.9.6　动态电路的阶跃响应与
冲激响应的实验电路

源，调节电阻箱电阻值和电容箱的电容值。观察并描绘 $\tau=0.01T$、$\tau=0.2T$ 和 $\tau=T$ 三种情况下 $u_s(t)$ 和 $u_o(t)$ 的波形。用示波器测出对应各种情况的时间常数，记入表 1.9.1 中，并与给定的理论值比较。

（2）将图 1.9.5（a）所示积分电路接至峰-峰值一定，周期 T 一定的方波信号源，选取合适的电阻、电容参数，观察并描绘 $\tau=T$、$\tau=3T$ 和 $\tau=5T$ 三种情况下的 $u_s(t)$ 和 $u_o(t)$ 的波形。用示波器测出对应的时间常数。自拟表格，记录有关数据和波形，并与给定的理论值比较。

（3）将 RC 一阶电路改为 RL 一阶电路，观察并描绘有关的暂态过程波形。

表 1.9.1　　　　　　　　　　用示波器测量一阶微分电路

参数值		时间常数		波形	
$R/\text{k}\Omega$	$C/\mu\text{F}$	τ（给定值）	τ（测试值）	$u_C(t)$	$u_o(t)$
		$0.01T$			
		$0.2T$			
		T			

四、预习与思考

（1）将方波信号转换为尖脉冲信号，可通过什么电路来实现？对电路的参数有什么要求？

（2）将方波信号转换为三角波信号，可通过什么电路来实现？对电路的参数有什么要求？

（3）为什么本实验中所介绍的 RC 微分、积分电路是近似的微分、积分电路？最大误差出现在什么地方？

（4）完成实验任务（2）～（3）记录数据或波形的自拟表格。

五、实验报告要求

（1）用坐标纸绘制所有波形曲线。

（2）完成实验任务（1）～（3）中所有表格的数据记录和计算工作。

（3）分析实验任务（1）的记录波形，总结微分电路的设计原则。

（4）分析实验任务（1）的记录波形，总结积分电路的设计原则。

六、实验设备

（1）普通双踪示波器 1 台。

（2）函数发生器 1 台。

（3）电容箱、电阻箱、电感箱各 1 台或实验台对应挂箱 1 台。

第 2 章　电 子 技 术 实 验

2.1　常用仪器的使用及二极管、三极管的测试

一、实验目的

(1) 初步掌握用示波器观察正弦波信号及测量其参数的方法（示波器工作原理参阅第 6 章）。

(2) 学习用万用表测试晶体管的方法。

(3) 学习正弦波信号源、晶体管毫伏表的使用方法（其工作原理参阅第 6 章）。

二、实验原理

本实验使用的信号源为 SP1641D 函数信号发生器，示波器为 C5020 或 MOS-620，20MHz 双踪示波器波器，测量仪表为 SX2172 型晶体管交流毫伏表。函数信号源选择正弦信号输出的波形、幅度及周期通常用示波器测量非常直观、方便。信号源输出的信号电压有效值也可用交流毫伏表测出。

示波器是可以用来测量各种周期电压（或电流）波形的电子仪器，能观察到的最高信号频率主要取决于示波器 Y 轴通道的频带宽度。本实验所使用 C5020 或 MOS-620，20MHz 双踪示波器观察信号频率范围为 DC～20MHz。为了减小示波器的输入阻抗对被测信号的影响，被测信号通常经过 10∶1 衰减探头输入到示波器。

SX2172 毫伏表用于测量交流信号，适合于测量正弦波信号电压有效值，且测量表灵敏度高，测量范围宽，小到毫伏级以下，大到 300V 都能测量。在电工、电子技术中凡涉及的交流信号电压都应用此表进行测量。

三、实验内容与步骤

1. SP1641D 函数信号发生器的使用方法

(1) 信号频率的调节。信号源面板左下方有一"倍率"按键，它把 1Hz～3MHz 频率按十进制分为八挡，即八个频率段（范围）。要想获得某一频段内的某一个具体信号频率，除了按"倍率"按键选择到需要频段内，还要调"倍率"按键上方"频率微调电位器"，可获得该具体信号频率值。例如：要想信号源输出信号频率为 5650Hz，首先按"倍率"按键在 10kHz 频段内（即 1k～10kHz），然后旋转"频率微调电位器"（顺时针调高频率），则五位液晶屏显示 5.65kHz 就是信号源此时输出信号频率。

(2) 信号输出幅度的调节。面板上方有两位液晶屏为输出电压指示，其显示最大幅值为 21V。面板下方有两个"输出衰减"按键，分别为 20dB、40dBs 两个按键都不按下表示输出电压没衰减，可调最大输出幅值为 21V，如果单独按下 20dB 按键则输出电压幅值衰减 10 倍，如单独按下 40dB 按键则输出电压幅值衰减 100 倍，如果全部按下 20dB 和 40dB（相当于衰减 60dB）按键则输出电压幅值衰减 1000 倍。面板右下方有一个"输出幅度"旋钮，用于连续调节输出电压大小。

2. C5020 或 MOS-620 示波器的使用方法（参考第 6 章）

(1) 接通电源，在加入被测信号之前，首先应调节"辉度"、"聚焦"各旋钮，屏幕上应

显示一个细而清晰的扫描基线，如看不到再调节"X轴位移"和"Y轴位移"旋钮使基线出现并调于屏幕中央。

（2）将被测信号从示波器 Y 轴输入，调节"扫描速率"、"灵敏度"开关旋钮，就能控制显示正弦波的个数和大小，如果波形不稳应调整"电平"旋钮，则便于获得理想稳定的波形。

3. 用示波器测一信号电压有效值

（1）调整信号发生器输出信号的频率为"1kHz"，将"输出衰减"旋钮置于 0dB，调"输出细调"使表头指示为 21V，将示波器"灵敏度"选择开关"V/div（cm）"（微调钮）置于"校准"位置，将被测信号从示波器 Y 轴输入，再适当调整"V/div（cm）"粗调钮使屏幕上显示完整正弦波，根据显示波形高度所占的格数乘以"V/div（cm）"旋钮位置指示的值，即为读出电压幅值（峰-峰值）电压，然后再换算成有效值。

（2）将信号发生器"输出衰减"旋钮分别置于 0dB、20dB、40dB、60dB 位置，从示波器读出其幅值并记入表 2.1.1 中。

表 2.1.1　　　　　　　　　　用示波器测量信号发生器输出电压数据

信号发生器"输出衰减"（dB）	0	20	40	60
灵敏度选择开关（V/div）				
屏上显示峰-峰波形高度（cm）				
电压峰-峰值 V（V）				
电压有效值（V）				
SX2172 交流表测量电压值（V）				

4. 用示波器测量信号周期

将信号发生器输出幅值调至 10V，衰减 0dB 并将示波器扫描"t/div（cm）"的旋钮（微调钮—面板图的 UARIBLE）置于"校准"位置（顺时针旋到底），把信号从 Y 轴输入，适当调整扫描开关"t/div（cm）"粗调钮使屏幕上显示 2～3 个完整正弦波，这样根据示波管屏幕上所显示一个周期的波形在水平方向上所占的格数乘以扫描开关"t/div（cm）"旋钮所处位置指示的值，即为该信号的周期。被测信号的频率分别取 0.8kHz、1.5kHz、25kHz，按表 2.1.2 要求记录数值。

表 2.1.2　　　　　　　　　　用示波器测量信号发生器输出频率的数据

被测信号频率（kHz）	0.80	1.50	25.0
信号发生器"频率范围"（倍频）按键			
示波器扫描速率开关（t/div）			
示波器上一周期所占水格（cm）			
被测信号周期（ms）			

5. 用万用表测量二极管、三极管

用万用表测试二极管、三极管好坏；判别二极管的阴、阳极，正、反向电阻；三极管的三个极和 NPN 或 PNP 类型，画出二极管、三极管原理图。

四、实验仪器与设备

（1）示波器 1 台。

（2）信号发生器 1 台。

（3）数字万用表 1 个。

（4）SX2172 晶体管毫伏表 1 台。

五、预习及思考题

复习有关示波器、正弦信号源、晶体管交流毫伏表的工作原理，回答下列问题：

（1）要求示波器屏幕显示波形达到如下要求，应该调节哪些旋钮？

1）波形清晰；

2）位置适中；

3）波形的个数为 2～3 个。

（2）若示波器显示如图 2.1.1 所示波形，是示波器面板哪些旋钮调整不对？应如何调节相应的面板旋钮？

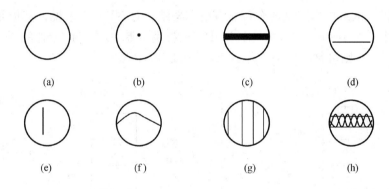

图 2.1.1 示波器显示的波形

（3）要使 SP1641 信号发生器输出信号为 125kHz，与调节频率有关的"倍频"按键选择于什么频段值？

（4）SP1641D 信号发生器表头指示在（10V），当"输出衰减"置于 20dB 和 40dB 时，输出电压的有效值和幅值分别为多少？

六、实验报告要求

（1）根据记录值，列表整理，分析实验数据。

（2）定性与定量的误差分析。

（3）回答预习要求中提出的问题。

七、用万用表测试二极管和三极管的方法

1. 判断二极管极性

万用表在测电阻时，它的等效电路如图 2.1.2 所示。测量二极管如图 2.1.3 所示。其中 r 为等效电阻，E 为表内电源电压。当万用表处于 $R\times1$、$R\times10$、$R\times100$、$R\times1k$ 挡时，一般 $E=1.5V$。若将黑表棒接到二极管的阳极，红表棒接到二极管的阴极，则二极管处于正向偏置，呈现低阻；反之，则二极管处于反向偏置，呈现高阻，表针偏转小。根据两次测得的阻值大小，就可以区别出二极管的极性。值得注意的是：切忌用 $R\times1$ 或 $R\times10k$ 挡来判

断二极管。

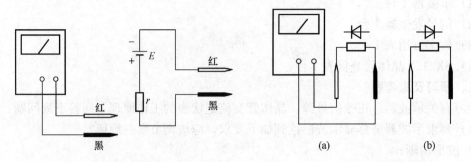

图 2.1.2　万用表测的等效电路　　　图 2.1.3　测量二极管

（a）电阻小；（b）电阻大

2. 晶体三极管引脚的判别

（1）管型和基极 B 的判别。

可以把三极管的结构看成是两个背靠背的 PN 结。对 NPN 管来说，基极是两个结的公共阳极，如图 2.1.4（a）所示；对 PNP 管来说，基极是两个结的公共阴极，如图 2.1.4（b）所示，则可判断出该管是 NPN 型还是 PNP 型。

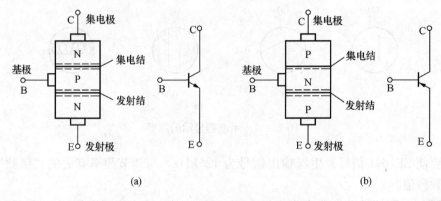

图 2.1.4　晶体三极管的基极 B 的判别

（a）NPN 管；（b）PNP 管

（2）发射极 E 和集电极 C 的判别。

如图 2.1.5 所示，把已判定的三极管基极 B 接到 R_b 上，另外两个极 E、C 接到红黑表棒上，即构成基本放大电路。

若集、射极间所加为正常放大的极性电源电压，如 NPN 型管 C 极为电源正，E 极为负，则集电极电流为

$$I_c = \beta I_B + I_{CEO}$$

反之，C 极接电源负极，E 极接电源正极，则集电极电流为

$$I_{cr} = \beta_r I_B + I_{CEOr}$$

式中：β_r 为三极反向电流放大系数或倒置运用时的电流放大系数，一般 $\beta > \beta_r$，显然 $I_c \gg I_{cr}$。

在图 2.1.5 中，若万用表红表棒接 C 端，黑表棒接 E 端，测得的电阻大（即 I_c 小）。若

红、黑表棒互换，测得的电阻小（即 I_c 大），则黑表棒在此条件下所接 C 端为三极管集电极 C 端，红表棒所接 E 端为三极管的发射极 E 端。

对于 PNP 管与上述情况正好相反。

在图 2.1.5 中 $R_b = 100\text{k}\Omega$ 也可用人体电阻代替，即用两只手分别捏住 b、c 端。

3. 检查电流放大系数 β 和穿透电流 I_{CEO} 的大小

(1) 如图 2.1.6 所示，B 极开路，测量 C、E 极间的电阻值，若 100kΩ 电阻接入前后两次测得的电阻值相差较大，则说明 β 越大。此方法一般适用于检查小功率管的 β 值。

(2) 在图 2.1.6 中，流过管子的电流就是 I_{CEO}，欧姆表中指针偏转越小，说明 I_{CEO} 越小，管的性能越好。

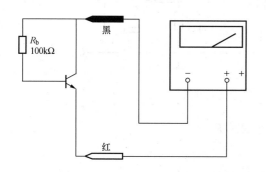
图 2.1.5　晶体三极管的发射极 E 和集电极 C 的判别

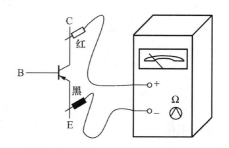
图 2.1.6　穿透电流测试电路

2.2　单管放大电路研究

一、实验目的

(1) 熟悉电子元器件和模拟电路实验箱。

(2) 掌握放大器静态工作点的调试方法及其对放大器性能的影响。

(3) 学习测量放大器 Q 点、A_u、R_i、R_o 的方法，了解共射放大电路特性。

(4) 掌握放大器的动态性能。

二、实验原理

1. 实验电路

实验电路如图 2.2.1 所示，晶体管为 3DG6 型，β 为 30～100。

2. 工作原理

静态工作点，有

$$U_{CEQ} \approx V_{CC} - I_{CQ}(R_c + R_{e1} + R_{e2})$$

动态参数，有

电压放大倍数

$$A_u = \frac{U_o}{U_i} = -\frac{\beta R'_L}{r_{be}}$$

其中

$$r_{be} = 300 + (1+\beta)\frac{26(\text{mV})}{I_{EQ}}$$

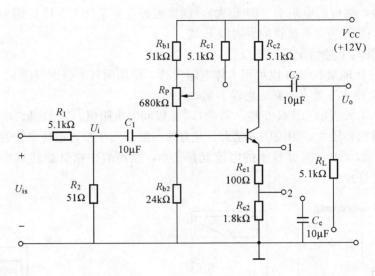

图 2.2.1　单管放大电路

$$R'_L = R_c // R_L$$

输入电阻

$$R_i = R_b // r_{be}$$

输出电阻

$$R_o \approx R_C$$

三、实验内容及步骤

1. 连接电路

(1) 用万用表判断实验箱上三极管的极性及好坏，β 值以及电解电容 C 的极性和好坏。

(2) 按图 2.2.1 连接电路（注意接线前先测量有无 +12V 电源，关断电源后再接线路），将 R_P 调到电阻最大位置。

(3) 接线后仔细检查，确认无误后接通电源。

2. 电路静态状态下的调整

调整 R_P 使 $U_E = 2.2$V，测量、计算并填表 2.2.1。

表 2.2.1　　　　　　　　　静态调整的实验数据

实　　测				计　　算		
U_B	U_E	U_C	R_P（断电测）	I_B（μA）	I_C（mA）	β

3. 动态研究（测试条件：$R_C = 5.1$kΩ，$R_L = \infty$）

(1) 将信号发生器输出调到 $f = 1$kHz，信号幅值经衰减电路接到放大器的输入端 U_i 有效值为 10mV，不接负载电阻 R_L，观察 U_{is} 和 U_o 端波形，比较相位，并记录下来。

(2) 保持 $U_i = 10$mV 不变，改变给定参数情况下进行测量，并将测量及计算结果填入表 2.2.2 中。

表 2.2.2 动态研究的实验数据（一）

给定参数		实测		实测计算	估算
R_C	R_L	U_i（mV）	U_o（V）	A_u	A_u
2.5kΩ	∞				
2.5kΩ	5.1kΩ				
5.1kΩ	5.1kΩ				
5.1kΩ	∞				

（3）U_i＝15mV 左右，R_c＝5.1kΩ，R_L＝∞，增大和减小 R_P，观察工作点变化情况及 u_o 波形变化，测量其值并填入表 2.2.3 中。

表 2.2.3 动态研究的实验数据（二）

R_P 值	U_B	U_E	U_C	u_o 输出波形情况
最大				
合适				
最小				

注意：若观察失真不明显，则可增大 u_i 幅值重测。

4. 测量放大器输入、输出电阻

（1）输入电阻测量。在输入端串接一个 5.1kΩ 电阻，如图 2.2.1 所示，测量 U_{is} 与 U_i，即可计算 r_i。

（2）输出电阻测量。在输出端接入可调电阻作为负载，选择合适的 R_L 值使放大器输出不失真（接示波器监视），测量有负载和空载时的 U_{oL}、U_o 即可计算 r_o。

将上述测量及计算结果填入表 2.2.4 中。

表 2.2.4 输入、输出电阻的测量数据

测 输 入 电 阻				测 输 出 电 阻			
实测		测算	估算	实测		测算	估算
U_{is}（mV）	U_i（mV）	r_i	r_i	U_o	U_{oL}	r_o（kΩ）	r_o（kΩ）

四、实验仪器

（1）示波器 1 台。
（2）信号发生器 1 台。
（3）数字万用表 1 块。
（4）SX2172 晶体管毫伏表 1 台。
（5）实验箱 1 台。

五、预习要求

（1）熟悉三极管及单管放大器工作原理。

（2）掌握放大器动态及静态测量方法。

六、实验报告要求

（1）复习并计算单管放大电路有关理论值，分析实验内容三中的 3、4 的结果，当有关参数改变时，从所得到的结果给出相应的基本结论。

（2）做定量的误差分析，并定性分析误差原因。

（3）表 2.2.3 的有关测量电压值应选择数字表什么挡位（交流还是直流电压挡）测量？为什么？

2.3　多级放大电路与负反馈放大电路

一、实验目的

（1）熟悉多级放大器各级间的关系。

（2）研究负反馈对放大器性能的影响。

（3）掌握负反馈放大器性能的测试方法。

二、实验原理

1. 实验电路

实验电路如图 2.3.1 所示，总的电压放大倍数

$$A_u = \frac{U_{o2}}{U_i} = \frac{U_{o1}}{U_i} \cdot \frac{U_{o2}}{U_{o1}} = A_{u1} \cdot A_{u2}$$

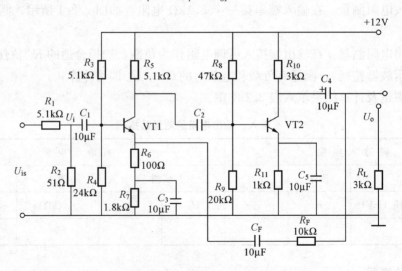

图 2.3.1　多级放大电路与负反馈放大电路

本实验电路输入加入了一个 $R_2/(R_1+R_2) = 51/(5.1 \times 10^3 + 51) \approx 1/100$ 的分压器，其作用是对信号源 U_{is} 进行衰减，以方便调节 U_i 的大小。

2. 负反馈放大器

负反馈放大器的一般表示式为

$$A_f = \frac{A}{1 + AF}$$

式中：A 为开环放大倍数；A_f 为闭环放大倍数；F 为反馈系数；$1+AF$ 为反馈深度。

若 A_m 代表中频开环放大倍数，则加负反馈后

$$f_{Hf} = f_H(1+A_mF)$$

$$f_{Lf} = \frac{f_L}{1+A_mF}$$

式中：f_{Hf}、f_{Lf} 分别为加负反馈后的上、下限频率。

负反馈放大器的输入、输出电阻为

$$R_{if} = R_i(1+A_mF)（串联负反馈）\qquad R_{if} = \frac{R_i}{1+A_mF}（并联负反馈）$$

$$R_{of} = \frac{R_o}{1+A_mF}（电压负反馈）\qquad R_{of} = R_o(1+A_mF)（电流负反馈）$$

必须指出，当改变信号发生器的频率时，其输出电压的大小略有变化，测量放大器幅频特性时，应予注意。

三、实验内容与步骤

1. 测量静态工作点

测量本电路两级放大器的静态工作点，按表 2.3.1 测量。

表 2.3.1　　　　　　　　　　静态工作点测量数据

项目	静 态 工 作 点					
	第 1 级			第 2 级		
	U_{C1}（V）	U_{B1}（V）	U_{E1}（V）	U_{C2}（V）	U_{B2}（V）	U_{E2}（V）
空载 U_o						
负载 U_{oL}						

2. 反馈放大器开环和闭环放大倍数的测试

（1）开环电路。

1）按图接线，R_F 先不接入。

2）输入端接入 $U_i=1mV$，$f=1kHz$ 的正弦波（注意输入 1mV 信号采用输入端衰减法见实验二）。调整接线和参数使输出不失真且无振荡（参考实验 2.1）。

3）按表 2.3.2 要求进行测量并填表。

表 2.3.2　　　　　　　　　　开环电路的测量数据

	R_L	U_i（mV）	U_s（mV）	U_o（mV）	U_{ol}（mV）	R_i（kΩ）	R_o（kΩ）	A_u（A_{uf}）
开环	∞	1						
	1.5kΩ	1						
闭环	∞	10						
	1.5kΩ	10						

4）根据实验值计算开环放大倍数 A_u 和输出电阻 R_o。

（2）闭环电路。

1）接通 R_F 按（1）中的 1）的要求调整电路（输入电压改为 $U_i = 10\text{mV}$）。

2）按表 2.3.1 要求测量并填表，计算 A_{uf}。

3）根据实验结果，验证 $A_{uf} \approx 1/F$。

3. 负反馈对失真的改善作用

（1）将图 2.3.1 所示电路开环，逐步加大 U_i 的幅度，使输出信号出现失真（注意不要过分失真）记录失真波形幅度。

（2）将电路闭环，观察输出情况，并适当增加 U_i 幅度，使输出幅度接近开环时失真波形幅度。

（3）若 R_F 接入 VT1 的基极，会出现什么情况？实验验证之。

（4）画出上述各步实验的波形图。

4. 负反馈对放大器频率特性的影响

（1）将图 2.3.1 所示电路先开环，选择 U_i 适当幅度（频率为 1kHz），使输出信号在示波器上有满幅正弦波显示或调节输入信号，使输出 $U_o = 1\text{V}$（用交流毫伏表监测）。

（2）保持输入信号幅度不变逐步增加频率，直到波形减小为原来的 70%，此时信号频率即为放大器 f_H。

（3）测量条件同上，但逐渐减小频率，测得 f_L。

（4）将电路闭环，重复（1）～（3）步骤，并将结果填入表 2.3.3。

表 2.3.3   负反馈对放大器频率特性的影响

		f_H（Hz）	f_L（Hz）
	开环		
	闭环		

四、实验仪器

（1）双踪示波器 1 台。

（2）交流毫伏表 1 台。

（3）信号源 1 台。

（4）万用表 1 块。

五、预习要求

（1）复习有关多级放大与负反馈的理论知识。

（2）认真阅读实验内容要求，估计待测物理量的变化趋势。

（3）图 2.3.1 所示电路中晶体管的 β 值设为 80，计算该放大器开环和闭环电压放大倍数。

六、实验报告要求

（1）将实验值与理论值比较，分析误差原因。

（2）根据表 2.3.2 的测试结果得出结论。

（3）根据实验内容总结负反馈对放大器性能的影响。

2.4 差 动 放 大 电 路

一、实验目的

（1）熟悉差动放大器工作原理。

（2）掌握差动放大器的基本测试方法。

（3）实验熟悉单端输入、双端输入的差模放大电路，共模放大电路的工作原理及测试方法。

二、实验原理

图 2.4.1 是一个差动放大器实验原理电路，R_W 为调零电位器，信号大小由信号源输出调节旋钮确定，从 U_{i1}、U_{i2} 两端输入。从 VT1、VT2 两管集电极分别输出 U_{C1}、U_{C2}、U_o。R_{b1}、R_{b2} 为均压电阻。

1. 差动输入、双端输出

在图 2.4.1 中，若输入信号 U_i 加于 U_{i1}、U_{i2} 两端，则 $U_{i1} = (1/2)U_i$；$U_{i2} = -(1/2)U_i$，其差模放大倍数为

$$A_d = \frac{U_o}{U_i} = -\frac{\beta \cdot R_C}{r_{be} + (1+\beta)R_W/2}$$

(2.4.1)

A_d 等于单管时的放大倍数。

2. 单端输入、双端输出

在图 2.4.1 中，若信号接在 U_{i1} 与 U_{i2} 两端，而 U_{i2} 接地，则电路为单端输入双端输出。其差模电压放大倍数与式（2.4.1）相同。

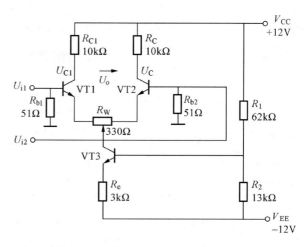

图 2.4.1 差动放大器电路

3. 共模抑制比

在图 2.4.1 中 U_{i1} 与 U_{i2} 两点相连，共模信号加到 U_i 与地之间。

若为双端输出，则在理想情况下，$A_c = 0$。

若为单端输出，则共模放大倍数 $A_c \approx -R_c/2R_e$。

从式 $K_{CMR} = |A_d/A_c|$ 可知，欲使 K_{CMR} 大，就要求 A_d 大，A_c 小；欲使 A_c 小，就要求 R_e 大。图 2.4.1 所示电路的共模放大是由于 VT3 的恒流源作用，等效的 R_e 极大，显然，K_{CMR} 随之也很大。

三、实验内容及步骤

1. 测量静态工作点

（1）调零：将输入端短接，接通 ±12V 直流电源，调节电位器 R_W 使双端输出电压 $U_o = 0$。

（2）测量静态工作点。测量 VT1、VT2、VT3 各极对地电压，填入表 2.4.1 中。

表 2.4.1　　　　　　　　　　　**差模放大电路静态工作点测量**

对地电压	U_{c1}	U_{c2}	U_{c3}	U_{b1}	U_{b2}	U_{b3}	U_{e1}	U_{e2}	U_{e3}
测量值（V）									

2. 测量差模电压放大倍数

在输入端加入直流电压信号 $U_{id}=\pm0.1\text{V}$，按表 2.4.2 的要求测量并记录，由测量数据算出单端和双端输出的电压放大倍数。注意：输入端加的直流信号来自于实验箱，从可调的 OUT1 和 OUT2 输出直流电压，使其分别为 $+0.1\text{V}$ 和 -0.1V，再接入电路 U_{i1} 和 U_{i2}。

3. 差动电路

在本实验电路上组成单端输入的差动电路进行下列实验。

（1）在图 2.4.1 中将 U_{i2} 接电路地，组成单端输入，从 U_{i1} 端分别输入直流信号 $U_i=\pm0.1\text{V}$，测量单端及双端输出电压值，记入表 2.4.3 中。计算单端输入时的单端及双端输出的电压放大倍数，并与双端输入时的单端及双端电压放大倍数进行比较。

表 2.4.2　　　　　　　　　　**差模与共模放大电路测量数据**

测量及计算值　　　　　　　输入信号	差模输入						共模输入						共模抑制比
	测量值			计算值			测量值			计算值			计算值
	U_{c1} (V)	U_{c2} (V)	$U_{o双}$ (V)	A_{d1}	A_{d2}	$A_{d双}$	U_{c1} (V)	U_{c2} (V)	$U_{o双}$ (V)	A_{c1}	A_{c2}	$A_{c双}$	K_{CMR}
$U_{i1}=+0.1\text{V}$													
$U_{i2}=-0.1\text{V}$													

（2）从 U_{i1} 端加入正弦交流信号 $U_i=30\text{mV}$，$f=1\text{kHz}$ 分别测量、记录单端及双端输出电压，填入表 2.4.3 中，计算单端及双端的差模放大倍数。

表 2.4.3　　　　　　　　　　　　**单 端 输 入 测 量 数 据**

测量及计算值　　　　输入信号	测量			测量的 A_u			理论计算 A_u	
	U_{c1}/V	U_{c2}/V	U_o/V	A_{u1}单	A_{u2}单	A_u双	A_u单	A_u双
直流+0.1V								
直流-0.1V								
正弦信号（30mV、1kHz）								

注意：输入交流信号时，用示波器监视 u_{c1}、u_{c2} 波形，若有失真现象时，可减小输入电压，使 u_{c1}、u_{c2} 都不失真为止。

（3）用示波器观察 u_{c1}、u_{c2} 的波形，并测其相位差，画在坐标纸上。

4. 测量共模电压放大倍数

将输入端 U_{i1} 与 U_{i2} 短接，信号源的一端接输入端，信号源另一端（黑线）接测量电路的公共地。不同信号输入按表 2.4.2 要求进行。由测量数据算出单端和双端输出的电压放大倍数，进一步算出共模抑制比 $K_{CMR}=|A_d/A_c|$。

四、实验仪器

(1) 双综示波器 1 台。

(2) 万用表 1 块。

(3) 信号源 1 台。

(4) 毫伏表 1 台。

(5) 实验箱 1 台。

五、预习要求

(1) 计算图 2.4.1 中的静态工作点及电压放大倍数（设 $r_{be} = 3k\Omega$，$\beta = 70$）。

(2) 在图 2.4.1 的基础上画出单端输入和共模输入的电路。

六、实验报告要求

(1) 根据实测数据计算图 2.4.1 所示电路的静态工作点，与预习结果相比较。

(2) 整理实验数据，计算各种接法的 A_d，并与理论计算值相比较。

(3) 计算实验步骤 3 中 A_c 和 K_{CMR} 值。

(4) 总结差放电路的性能和特点。

2.5 集成运算放大器参数测试

一、实验目的

(1) 熟悉集成运算放大器（简称集成运放）主要参数的定义和表示方法。

(2) 掌握集成运放主要参数的测试方法。

二、实验原理

1. 失调电压（U_{io}）的测试

失调电压的定义是放大器输出为零时，在输入端所引入的补偿电压，电路如图 2.5.1 所示，S1、S2 短接，电路工作在闭环状态，此时的 U_o 设为 U_{o1}，则

$$U_{io} = \frac{R_1}{R_1 + R_2} U_{o1} (mV) \quad (2.5.1)$$

注意：测量失调电压及失调电流时，应将调零电位器短接。

2. 失调电流（I_{io}）的测试

在图 2.5.1 中，将 S1、S2 断开，即接入 R_b 以反映 I_{io}（$= |I_{B1} - I_{B2}|$）的大小，此时的 U_o 设为 U_{o2}，则

$$I_{IO} = \frac{U_{o2} - U_{o1}}{\left(1 + \dfrac{R_1}{R_2}\right) R_b} (nA) \quad (2.5.2)$$

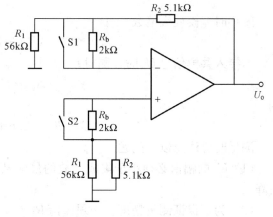

图 2.5.1 失调 I_{IO}、U_{IO} 测量电路

3. 开环增益 A_{od} 的测量

实验采用交流开环，直流闭环。测量电路如图 2.5.2 所示。

交流信号 U_s 经 C_3 和 R_3、R_4 组成的分压器分压后再经电容 C_2 送到集成运放的同相端。

反馈电阻 R_2 使放大器处于深度直流闭环状态，迫使直流的 $U_o = 0$。电容 C_1 将 R_2 反馈回来的交流信号旁路到地，实现交流开环的要求。当 C_1、C_2 容量足够大时，其上压降可忽略，则

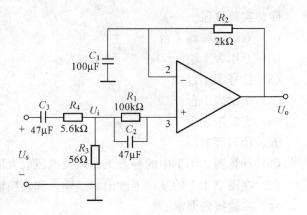

$$U_i = \frac{R_3}{R_3 + R_4} \times U_s \approx 0.01 U_s$$

$$A_{od} = \frac{U_o}{U_i} \approx 100 \frac{U_o}{U_s} \quad (2.5.3)$$

测量时应注意：测量前首先电路应调零，并消振。

4. 共模抑制比 CMRR 的测量

CMRR 的测量电路如图 2.5.3 所示。

图 2.5.2　开环电压的测试电路

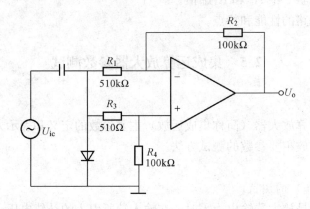

图 2.5.3　共模抑制比测量电路

闭环时差模放大倍数，有

$$A_d = -R_2/R_1$$

当接入共模信号 U_{ic} 时，测得 U_{oc} 大小，其共模放大倍数为

$$A_c = U_{oc}/U_{ic}$$

则

$$CMRR = 20 \lg |A_d/A_c| \text{（dB）} \quad (2.5.4)$$

测量时应注意以下问题。

（1）U_{ic} 的幅值必须小于集成运放的最大共模输入电压范围 U_{icm}，否则共模抑制比显著下降。

（2）为了保证测量精度，必须保持 R_1 与 R_3，R_2 与 R_4 的匹配程度。

（3）测量前电路应先调零、消振。

三、实验内容与步骤

本实验使用集成运放为 F004 或 LM741，在模拟实验箱插装电路用 LM741。

1. 测量失调电压 U_{io}（mV）

（1）测量电路如图 2.5.1 所示，实验板上闭合 S1、S2，注意要将调零电位器短路。

（2）通电，用示波器观察输出 U_{o1} 有无振荡，否则应消振。

（3）测出 U_{o1} 值，并由式（2.5.1）求出 U_{io} 并与手册给出的值进行比较。

2. 测量失调电流 I_{io}（nA）

（1）测试电路如图 2.5.1 所示，在实验板上即断开 S1、S2。

（2）测出电压 U_{o2} 的值，根据式（2.5.2）算出 I_{io} 并与手册给出的值进行比较。

3. 测量开环电压增益 A_{od}

（1）测量电路如图 2.5.2 所示，接好线路，再接通电源，消振调零。

（2）用一个频率可调的正弦信号源从电路输入端输入 U_s，选择若干个频率值，以 $f=1\text{kHz}$ 为中心频率时，保证 U_o 波形无失真的条件下，测出 U_o 及 U_s。测试按表 2.5.1 进行，并由式（2.5.3）求出 A_{od}。

表 2.5.1 开环电压增益测量数据

f（Hz）	100	500	10^3	5×10^3	10×10^3
U_o（V）					
U_s（V）					
$U_i=R_3/(R_3+R_4)U_s=0.01U_s$					
$A_{od}=U_o/U_i$					

4. 测量共模抑制比 $CMRR$（dB）

（1）测量电路如图 2.5.3 所示，接好线路，再通电，消振调零。

（2）输入 $f=1\text{kHz}$，$U_{ic}=60\text{mV}$ 的共模信号电压，测出 U_o，并由式（2.5.4）算出 $CMRR$ 大小。

四、验仪器设备

（1）双踪示波器 1 台。

（2）晶体管毫伏表 1 台。

（3）直流稳压电源 1 台。

（4）万用表 1 块。

（5）集成运放参数测试板 1 块。

五、预习要求

（1）复习集成运放组件的技术指标和定义。

（2）了解 U_{io} 和 I_{io} 产生的原因及 U_{io}、I_{io}、A_{od}、$CMRR$ 的测量原理。

六、实验报告要求

（1）画出所测参数的电路原理图，列表比较主要参数的测试值和技术指标值，并进行讨论。

（2）实验内容分析。

1）实验内容"三、1"U_{io} 测量中为什么不许调零？

2）实验内容"三、2"I_{io} 测量中能否调零？为什么？本电路两 R_b 取很大或很小行吗？两个 R_b 有误差结果会怎样？为什么？

3）实验内容"三、3"A_{od} 测量中，在所选择的频率下测得开环 A_{od} 有什么变化规律？从

A_{od}中能反映频带宽度大小吗？如果闭环情况下选择同样频率，则测量结果将如何？

4）实验内容"三、4"$CMRR$测量中，对U_{ic}输入信号有什么要求？为什么？本电路中二极管起什么作用？

（3）测量开环电压增益A_{od}时，为什么信号发生器不能直接接到集成运放的同相端而通过R_3、R_4分压衰减电路？

（4）实验中遇到什么问题？如何解决的？

2.6　比例运算电路的应用

一、实验目的

（1）掌握用集成运算放大器组成比例、求和运算电路的特点及性能。

（2）学会上述电路的测试和分析方法。

二、实验原理

1. 电压跟随器

在图 2.6.1 中，设组件为理想元件，则

$$A_{uf} = \frac{U_o}{U_i} \approx 1$$

其输入电阻为

$$R_{if} \approx \infty$$

2. 反相比例放大器

在图 2.6.2 中，若组件为理想元件，则

$$A_{uf} = \frac{U_o}{U_i} = -\frac{R_F}{R_1}$$

其输入电阻为

$$R_{if} \approx R_1$$
$$R_2 = R_1 // R_F$$

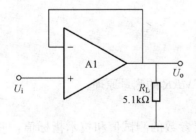

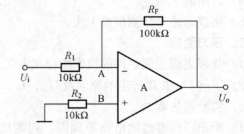

图 2.6.1　电压跟随器　　　　　　　　　图 2.6.2　反相比例放大器

3. 同相比例放大器

在图 2.6.3 中，设组件为理想元件，则

$$A_{uf} = 1 + \left(\frac{R_F}{R_1}\right) \qquad R_{if} \approx \infty$$

在放大器的两个输入端 A、B 上有共模电压，其值为 U_i。

4. 反相加法（求和）器

图 2.6.4 所示为反相加法器，由于 A 为虚地点，因此

$$U_o = -\left(\frac{R_F}{R_1}U_{i1} + \frac{R_F}{R_2}U_{i2}\right)$$

其中

$$R_3 = R_1//R_2//R_F$$

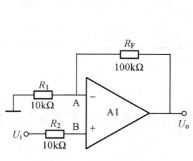

图 2.6.3　同相放大电路

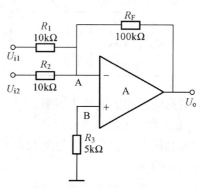

图 2.6.4　反相求和放大器

5. 减法器（差动放大器）

图 2.6.5 所示为双端输入减法放大器。如果 $R_1=R_2$，$R_F=R_3$，则

$$U_o = \frac{R_F}{R_1}(U_{i2} - U_{i1})$$

即输出正比于两个输入信号之差。

三、实验内容与步骤

1. 电压跟随器

电压跟随器实验电路如图 2.6.1 所示。按表 2.6.1 内容实验并测量、记录。

表 2.6.1　　　　　　　　　　电压跟随器实验数据

直流输入电压 U_i（V）		−1	−0.5	0	+0.5	1
U_o（V）	$R_L=\infty$					
	$R_L=5.1\text{k}\Omega$					

2. 反相比例放大器

反相比例放大器实验电路如图 2.6.2 所示。

（1）按表 2.6.2 内容实验并测量、记录。

表 2.6.2　　　　　　　　　　反相比例放大器实验数据

直流输入电压 U_i（mV）		30	50	70	90	100
输出电压 U_o	理论估算（mV）					
	实测值（mV）					
	误差					

（2）测量图 2.6.2 电路的上限截止频率。

3. 同相比例放大器

同相比例放大器实验电路如图 2.6.3 所示。

（1）按表 2.6.3 实验、测量并记录。

表 2.6.3　　　　　　　　　　　　同相比例放大器实验数据

直流输入电压 U_i（mV）		30	50	70	80	90
输出电压 U_o	理论估算（mV）					
	实测值（mV）					
	误差					

（2）测量电路的上限截止频率。

4. 反相求和放大电路

反相求和放大器实验电路如图 2.6.4 所示。按表 2.6.4 内容进行实验测量，并与预习结果相比较。

5. 双端输入减法放大电路

双端输入减法放大器实验电路如图 2.6.5 所示。按表 2.6.5 要求实验并测量、记录。

表 2.6.4　反相求和放大器实验数据

U_{i1}（V）	0.3	−0.3
U_{i2}（V）	0.2	0.2
U_o（V）		

表 2.6.5　双端输入减法放大器实验数据

U_{i1}（V）	1	2	0.2
U_{i2}（V）	0.5	1.8	−0.2
U_o（V）			

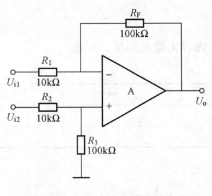

图 2.6.5　双端输入减法放大器

（5）计算表 2.6.5 中的 U_o。

四、实验仪器

（1）数字万用表 1 个。

（2）示波器 1 台。

（3）信号发生器 1 台。

（4）交流毫伏表 1 个。

（5）实验箱 1 台。

五、预习及思考题

（1）计算表 2.6.1 中的 U_o 和 A_{uf}。

（2）估算表 2.6.2 的理论值。

（3）估算表 2.6.3、表 2.6.5 中的理论值。

（4）计算表 2.6.4 中的 U_o 值。

六、实验报告要求

（1）总结本实验中 5 种运算电路的特点及性能。

（2）分析理论计算与实验结果误差的原因。

（3）分析实验结果，得出结论。

2.7 集成运放组成的 RC 正弦波振荡器

一、实验目的

(1) 掌握桥式 RC 正弦振荡器的电路构成及工作原理。

(2) 熟悉正弦波振荡器的调整、测试方法。

(3) 观察 RC 参数变化对振荡器频率的影响,学习振荡频率的测定方法。

二、实验原理

RC 正弦波振荡电路是 RC 串并联式正弦波振荡电路,又称为文氏电桥正弦波振荡器。电路由放大电路和反馈网络(包括选频网络)两部分组成,它的主要特点是采用 RC 串并联网络作为选频和反馈,放大电路采用集成运放。根据振荡条件即可写出对放大电路的要求。由于在 $f = f_o$ 时,RC 反馈网络的 $\varphi = 0°$,$|F| = 1/3$,所以放大电路的输出与输入之间的相位关系应是同相,放大倍数不能小于 3,即用放大倍数为 3(起振时应大于 3)的同相比例器作为放大电路,如图 2.7.1 所示。

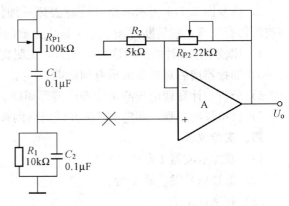

图 2.7.1 文氏电桥振荡电路

三、实验内容与步骤

(1) 按图 2.7.1 接线,注意电阻 $R_{P1} = R_1$,需预先调好再接入。

(2) 用示波器观察输出波形。

思考:

1) 若元件完好,接线正确,电源电压正常,而 $U_o = 0$,原因何在?则应怎么办?

2) 若有输出但出现明显失真,则应如何解决?

(3) 用频率计测量上述电路输出频率,若无频率计可按图 2.7.2 接线,则用李沙育图形法测定,测出 U_o 的频率 f_o,并与计算值比较。

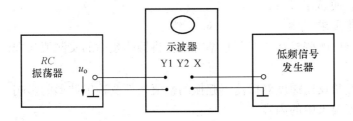

图 2.7.2 李沙育图形测试电路

(4) 改变振荡频率。在实验箱上设法使文氏桥电阻 $R = (10 + 20)$ kΩ,先将 R_{P1} 调到 30kΩ,然后在 R_1 与地之间串接 1 个 20kΩ 电阻即可。

注意:改变参数前,必须先关断实验箱电源开关,检查无误后再接通电源。测 f_o 之前,应适当调节 R_{P2} 使 U_o 无明显失真后,再测频率。

（5）测 RC 文氏电路的放大电路增益的改变对振荡波形的影响。

1）文氏电桥振荡实验电路如图 2.7.1 所示，注意：R_{P1} 换成固定电阻 $10k\Omega$。调 R_{P2} 让电路起振，用示波器观察输出端 U_o 最大不失真波形，用示波器测 U_o 最大峰-峰电压值 U_{p-p}，和振荡波形的周期 T。然后断开图 2.7.1 所示集成运放的同相端，通过同相端加入 $f=1kHz$ 正弦信号，电压 $U_i=(0.5-1)V$，然后测量输出 U_o（注意用交流毫伏表测量）。计算 $A_{uf}=U_o/U_i$。

输出端加稳幅器后测量并计算 $A_{uf}=U_o/U_i$。

2）恢复图 2.7.1 所示电路（注意去掉外加信号源）让文氏电路振荡，并调节 R_{P2} 让振荡波形刚消失，然后断开图 2.7.1 集成运放的同相端，测量方法同上，计算 $A_{uf}=U_o/U_i$。

3）恢复图 2.7.1 所示电路（注意去掉外加信号源）让文氏电路振荡，并调节 R_{P2} 让振荡波形稍有失真，然后断开图 2.7.1 集成运放的同相端，测量方法同上，计算 $A_{uf}=U_o/U_i$。

4）比较上述 3 种情况测量的 A 增益，说明文氏电路增益的改变是如何对振荡波形影响。

5）加稳器前后对振荡波形有何影响？

6）分析、计算理论与测量的振荡波形周期。

7）自拟详细步骤，测定 RC 串并联网络的幅频特性曲线。

四、实验仪器

（1）双踪示波器 1 台。

（2）低频信号发生器 1 台。

（3）频率计 1 个。

（4）交流毫伏表 1 个。

（5）实验箱 1 台。

五、预习要求

（1）复习 RC 桥式振荡器的工作原理。

（2）回答下列问题：

1）在图 2.7.1 中，正反馈支路是由（　　　　）组成的，这个网络具有（　　　　　）特性，要改变振荡器频率，只要改变（　　　　）或（　　　　）的数值就可以。

2）在图 2.7.1 中，R_{P2} 和 R_2 组成（　　　　）反馈，其中（　　　　）是用来调节放大器的放大倍数，使 $A_u \geqslant 3$ 的。

六、实验报告要求

（1）说明电路中哪些参数与振荡频率有关？将振荡频率的实测值与理论估计值比较，分析产生误差的原因。

（2）总结改变负反馈深度对振荡器起振的幅值条件及输出波形的影响。

（3）完成预习要求中的内容。

（4）作出 RC 串并联网络的幅频特性曲线。

2.8　整流、滤波与稳压电路

一、实验目的

（1）掌握单相桥式整流、滤波电路的工作原理和输入、输出电压之间的数量关系。

（2）了解电容滤波器的作用，观察滤波器对整流波形的影响。

（3）比较整流滤波电路与稳压电路的特点。

（4）掌握集成稳压电路技术指标的测试方法。

二、实验原理

直流稳压电源方框图如图 2.8.1 所示。

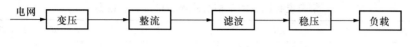

图 2.8.1　直流稳压电源方框图

许多直流电源是由整流加滤波电路组成的，其优点是线路简单、经济，缺点是带载能力较差，输出直流电压不够稳定，纹波也较大。其主要原因：电压调整率大，内阻也偏大，只能适用于要求不高的电路中。

若在整流滤波之后接入稳压器，则可提高直流电源输出的稳压性，常用于电源要求较高的稳压电路中。有些稳压电源的输出功率较小，输出电流在几百毫安以下，而一些大功率的稳压电路输出电流达 1A 以上。从稳压电路组成来说，可以由分立元件组成，也可以采用集成的稳压器，就目前电源电路而言，大多使用集成稳压电路，其优点为使用简单、方便和可靠、经济、线路不复杂且体积小。下面实验中重点研究集成稳压电路。

三、实验内容与步骤

1. 整流电路的测量

（1）单相桥式整流电路如图 2.8.2 所示，以下测量值应为负载 R_L 最大值。

（2）用示波器观察 u_2、u_L 波形并记录于表 2.8.1 中。

（3）用万用表（交流挡）测 U_2，直流挡测 U_L 值，用交流毫伏表测 u_L。将所有测量值记入表 2.8.1。

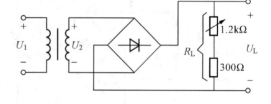

图 2.8.2　单相桥式整流电路

表 2.8.1　整流电路实验数据

整流电路	U_2	U_L	u_L	$r = u_L/U_L$	u_2、u_L 波形
实测值					画在坐标纸上
理论值					

2. 带有电容滤波的单相桥式整流电路的测量

（1）有电容滤波的单相桥式整流电路如图 2.8.3 所示，接入电容 $1000\mu F$。

（2）用示波器观察 u_2、u_L 波形（负载取最大、最小两种情况），观察波形记录于表 2.8.2 中。

（3）用万用表交流电压挡测 U_2 值，直流电压挡测 U_L 值，用晶体管交流毫伏表测纹波 u_L 值。测量 U_L 的变化量 ΔU_L 即 U_L 最大、最

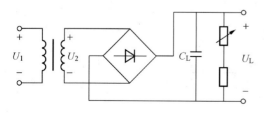

图 2.8.3　有电容滤波的单相桥式整流电路

小两种情况。测量 I_L 的变化量为

$$\Delta I_L = I_{L1} - I_{L2}$$

其中

$$I_{L1} = U_L/R_{Lmin} \qquad I_{L2} = U_L/R_{Lmax}$$

将所测值记入表 2.8.2 中。

表 2.8.2   **带有电容滤波的单相桥式整流电路实验数据**

整流滤波电路	U_2	U_L	u_L（纹）	$r = u_L/U_L$	$r_o = \Delta U_L/\Delta I_L$	波形（u_2、U_L）
$R_L = 3k\Omega$						
$R_L = 1.5\Omega$						

3. 集成稳压电路的测量

集成稳压电路如图 2.8.4 所示，W317 是输出电压可调的直流稳压器，本实验电路要求把稳压器输出调定 5V，然后分别改变电网电压（U_2）和负载，观察稳压器的变化情况，实验按以下要求进行。

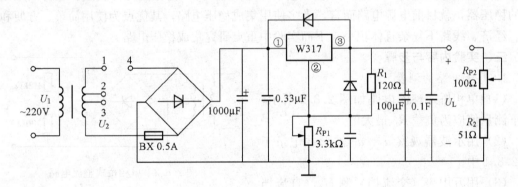

图 2.8.4 集成稳压电路

（1）改变 U_2 分别为 1-4、2-4、3-4，用万用表交流电压挡测量相应 U_2，直流电压挡测量 W317 的输入与输出电压 $U_①$、$U_③$。计算稳压系数 $S_r = (\Delta U_L/U_L)/(\Delta U_①/U_①)$，将所测值和计算值记入表 2.8.3 中。

表 2.8.3   **集成稳压电路的实验数据**

测 量 值	1-4		2-4		3-4	
	$U_2 =$		$U_2 =$		$U_2 =$	
不同负载下测量值	$U_①$	$U_③$	$U_①$	$U_③$	$U_①$	$U_③$
$R_L = 3k\Omega$						
$R_L = 1.5k\Omega$						
$R_L = 330\Omega$						
$\Delta U_①$ （以 $R_L = 1.5k\Omega$，U_2：2-4 相接为基准）						

续表

测 量 值	1-4	2-4	3-4
	$U_2=$	$U_2=$	$U_2=$
$\Delta U_③$ （以 $R_L=1.5\text{k}\Omega$，U_2：2-4 相接为基准）			
$S_r=$			

（2）测量集成稳压电源的输出电压，取 $U_o=6\text{V}$，负载电阻取最大和最小两种情况，用万用表直流电压挡测量其值。纹波电压用交流毫伏表测量，并推算输出电阻，用示波器观察测量点 U_L 的波形。将测量数据及波形记录于表 2.8.4 中。

表 2.8.4　　　　　　　测量集成稳压电源的输出电压实验数据

参数	U_2/V	U_L/V	u_L/mV	$r_0=\Delta U_L/\Delta I_L$	波形
R_{Lmax}（3kΩ）					
R_{Lmin}（1.5kΩ）					

四、实验仪器设备

（1）晶体管毫伏表 1 台。

（2）双踪示波器 1 台。

（3）数字万用表 1 块。

（4）实验箱 1 台。

五、预习要求

（1）了解整流、滤波和稳压电路的工作原理。

（2）了解整流滤波电路和稳压电路技术指标要求。

（3）阅读实验内容，熟悉实验电路。

六、实验报告要求

（1）由实验数据，讨论整流，滤波后输出、输入电压在数量上存在的关系，与理论值比较。

（2）对整流、滤波、稳压后的各点波形进行比较，简要说明各环节的作用。

（3）比较整流、滤波和稳压电路的某些性能指标，讨论其异同。

（4）回答下列问题：

1）整流电路中，一个二极管极性接反会产生什么后果？如果一个二极管短路了又会产生什么样的后果？如果一个二极管断开又会产生什么结果？

2）三个实验电路脉动或纹波情况如何？如果加重负载（让负载电阻阻值减小），则纹波情况将如何？

2.9 门电路逻辑功能及其应用

一、实验目的

（1）熟悉 TTL 门电路的外形、逻辑功能，掌握测试方法。

（2）熟悉集电极开路门的逻辑功能及使用特点，掌握 R_L 的计算方法。

（3）熟悉电子技术学习机的数字电路部分及双踪示波器的使用方法。

二、实验原理

（1）图 2.9.1 所示为 TTL 与非门电路当所有输入端全部为高电平时，输出为低电平；当输入端任何一个接低电平时，输出为高电平，从而实现与非功能。

（2）集电极开路门（简称 OC 门），它工作时必须外接负载电阻 R_L，若把两个 OC 门输出端连接在一起，则通过公共电阻 R_L 接到电源（见图 2.9.2），就可实现"线与"的功能，即

$$L = \overline{AB} \cdot \overline{CD} = \overline{AB + CD}$$

负载电阻 R_L 的计算如下。

假定有 N 个 OC 门并联去驱动有 m 个输入端的 n 个与非门，如图 2.9.3 所示。当所有的 OC 门都截止，即其输入端均为"0"时，输出电压 U_o 为高电平。为保证输出高电平不低于规定值，R_L 不能太大（见图 2.9.3），其计算公式为

$$R_{L\,max} = \frac{E_c - U_{OH\,min}}{NI_{OH} + mI_{IH})}$$

式中：$U_{OH\,min}$ 为规定的产品高电平下限值（$U_{OH\,min} \geqslant 2.4V$）；$I_{OH}$ 为 OC 门输出管截止时的漏电流，TTL 电路的 I_{OH} 约为 $50\mu A$；I_{IH} 为负载门的高电平输入电流，TTL 电路的 I_{IH} 约为 $40\mu A$。

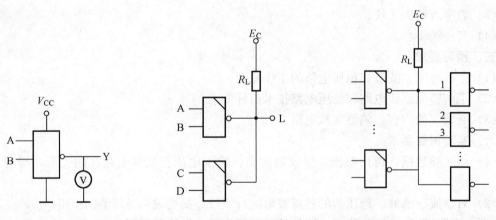

图 2.9.1　TTL 与非门　　　图 2.9.2　集电极开路门电路　　　图 2.9.3　集电极开门电路

当任何一个 OC 门处于导通状态，即输入为高电平，输出为低电平，在最不利的情况下，所有电流全部流入唯一的一个导通门，为使输出低电平低于规定值，从而得出 R_L 的最小允许值，其计算公式为

$$R_{L\,min} = \frac{E_c - U_{OL\,max}}{I_{OL} - nI_{IL}}$$

式中：$U_{OL\,max}$ 为规定的产品低电平上限值，约为 $0.4V$；I_{IL} 为负载门的输入短路电流，约为 $1.4mA$；I_{OL} 为 OC 门所允许的最大负载电流（通常取 $I_{OL} \geqslant 15mA$）。

OC 门的应用主要是组成"线与"完成某些特定的逻辑功能，实现逻辑电平转移。

表 2.9.1 门电路逻辑功能测量

输入		输出	
A	B	Y	电压（V）
0	0		
0	1		
1	0		
1	1		

三、实验内容与步骤

1. 测试门电路逻辑功能

（1）将四 2 输入与非门 74LS00 一只插入面包板，按图 2.9.1 接线，输入端接 S1、S2（电平开关输出插口），输出端接直流电压表或电平显示发光二极管。

（2）将电平开关按表 2.9.1 置位，分别测输出电压及逻辑状态，验证输出与输入变量是否符合"与非"关系。

2. 测试门电路传输特性

按图 2.9.4 接线，调 R_W，用电压表量测 U_I 分别为 0.3、0.6、1、1.3、1.4、1.5、2、3V 时对应的 U_o 值。填入表 2.9.2 中，并画出传输特性曲线。

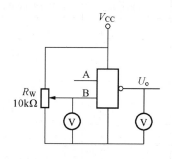

图 2.9.4 门电路传输特性测量电路

表 2.9.2 电压表测量数据

U_I（V）	U_o（V）	U_I（V）	U_o（V）
0.3		1.4	
0.6		1.5	
1.0		2.0	
1.3		3.0	

3. 逻辑电路的逻辑关系

（1）用 74LS00 按图 2.9.5 接线，将输入、输出的逻辑关系填入表 2.9.3 中。

（2）写出上面电路的逻辑表达式，试说明其功能。

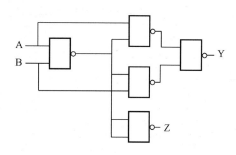

图 2.9.5 组合电路功能测量电路

表 2.9.3 输入、输出逻辑关系

输 入		输 出	
A	B	Y	Z
0	0		
0	1		
1	0		
1	1		

4. 利用与非门控制输出

用与非门按图 2.9.6 接线，S 接任一电平开关，用示波器观察 S 对与非门 Y 输出脉冲的控制作用。并记录与非输入与输出波形。

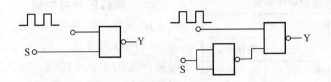

图 2.9.6　与非门控制示波输出电路

5. OC 门的"线与"功能测试

按图 2.9.2 接线，A、B、C、D 分别接至逻辑开关 S1、S2、S3、S4 的插孔中，按照逻辑图，有 $L = \overline{AB} \cdot \overline{CD}$。

把 A、B、C、D 的 16 种组合列出真值表，再用实验测定 L，并填入表 2.9.4 中。

表 2.9.4　　　　　　　　　　　　实 验 测 定 L

A	B	C	D	L（理论值）	L（实际值）
0	0	0	0		
0	0	0	1		
0	0	1	0		
0	0	1	1		
0	1	0	0		
0	1	0	1		
0	1	1	0		
0	1	1	1		
1	0	0	0		
1	0	0	1		
1	0	1	0		
1	0	1	1		
1	1	0	0		
1	1	0	1		
1	1	1	0		
1	1	1	1		

四、实验设备及仪器

（1）电子技术学习机 1 台。

（2）多用信号发生器 1 台。

（3）双踪示波器 1 台。

（4）万用表 1 块。

（5）器件：74LS00、74LS03、74LS04 各 1 片，1 只电阻 100Ω，1 只电位器 10kΩ。

五、预习要求

（1）阅读附录，了解电子技术学习机（数字部分）和双踪示波器的使用方法。

（2）复习 TTL 与非门和 OC 门的工作原理。

（3）按照"线与"功能把 $L = \overline{AB} \cdot \overline{CD}$ 的理论值填入表 2.9.4 中。

六、实验报告与要求

（1）记录全部实验波形和数值结果，并进行分析。

（2）R_{Lmax} 与 R_{Lmin} 的理论计算值与实测值有无差异？为什么？

七、思考题

（1）OC 门有无负载情况下，其高、低输出电平与 TTL 与非门有无差异？为什么？

（2）OC 门是如何用于电平转换电路的？

2.10 组合电路的研究

一、实验目的

（1）掌握分析组合逻辑电路功能的方法，并用实验验证。

（2）学习排除逻辑电路简单故障的方法。

二、实验原理

分析组合逻辑电路的目的是为了确定已知电路的逻辑功能，其步骤大致如下。

（1）由逻辑图写出各输出端的逻辑表达式。

（2）化简和变换各逻辑表达式。

（3）列出真值表。

（4）根据真值表和逻辑表达式对逻辑电路进行分析，最后确定其功能。

例如，试分析图 2.10.1 所示逻辑电路的功能。

（1）写出输出的逻辑表达式

$$L_1 = \overline{\overline{AB} \cdot A \cdot \overline{\overline{AB} \cdot B}} \quad L_2 = \overline{\overline{AB}}$$

（2）化简和变换

$$L_1 = \overline{AB} \cdot A + \overline{AB} \cdot B = (\overline{A} + \overline{B})A + (\overline{A} + \overline{B})B = A \otimes B$$
$$L_2 = AB$$

（3）列出真值表，见表 2.10.1。

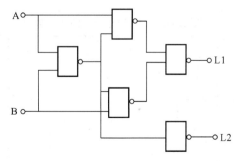

图 2.10.1 逻辑电路

表 2.10.1 真 值 表

A	B	L_1	L_2
0	0		
0	1		
1	0		
1	1		

（4）由表 2.10.1 可知，L_1 相当于半加器的和数，L_2 相当于半加器的进位数，因此图 2.10.1 是半加器。

组合逻辑电路的功能也可通过实验来确定，通常有静态分析法和动态分析法。静态分析法是用逻辑开关依次输入逻辑变量的各种组合值，用电平指示灯来显示其逻辑函数值（灯亮表示"1"、灯灭表示"0"）。将记录结果与理论分析的真值进行比较。

在确认理论分析的真值表是正确的情况下，如发现实验观察记录与真值表不符时，说明实验电路连线有错误，逐级仔细检查，直到观察记录与真值表相符为止。

三、实验内容及步骤

（1）首先检查每个与非门的好坏。将 74LS00 接好电源与地线，打开电源，此时所有与非门的输入门浮悬，与非门的输出端应为低电平，也可把与非门的输入端并接起来，接到逻辑开关，把输出接到电平指示灯上，检查其好坏。

（2）按图 2.10.1、图 2.10.2 在实验箱上接好电路并实验。预习时写出 L_1、L_2 逻辑表达式，进行化简，分析电路的逻辑功能是什么？填好表 2.10.1、表 2.10.2 中的理论值并与实验值比较。

（3）A、B、C 接逻辑开关，L_1、L_2 接至电平指示灯。对电路做静态测试，观察并记录其结果。

（4）进行动态测试。将 74LS90 计数器按图 2.10.3 接线，CLK_0 接至实验箱上的 CP 脉冲输出，选择 10kHz 脉冲，再将计数器的输出 Q_A、Q_B、Q_C 接至图 2.10.2 所示的 A、B、C 端，用双踪显示器同时观察并记录 A、B、C 与 L_1、L_2 波形。

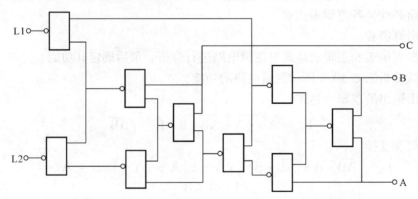

图 2.10.2 组合逻辑电路

（5）根据图 2.10.2 逻辑电路化简的结果，用 1 片 74LS00 和 1 片 74LS86 实现全加器电路，画出实验电路图并搭接电路，将实验结果填入表 2.10.2 中，并与理论值推算值比较。

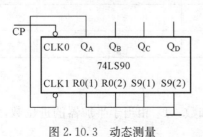

图 2.10.3 动态测量

表 2.10.2 全加器电路的实验数据

A	B	C	L_1	L_2
0	0	0		
0	0	1		
0	1	0		
0	1	1		
1	0	0		
1	0	1		
1	1	0		
1	1	1		

四、实验设备及仪器

（1）电子技术学习机 1 台。

（2）双踪示波器 1 台。

（3）器件为 74LS00、74LS86。

五、实验要求

（1）写出图 2.10.2 的逻辑表达示化简或变换，填好真值表（理论）。

（2）该逻辑电路在页面包板上的联线图，标明引脚图号。

六、实验报告要求

（1）写出图 2.10.2 所示的组合电路逻辑表达式，列出真值表，说明电路功能。

（2）画出动态测试所观察的波形图，说明是否与静态测试的真值表相符。

七、思考题

不用的与非门的输入端应如何处理？

2.11 编码、译码与显示

一、实验目的

（1）了解编码器、译码器与显示器的工作原理。

（2）熟悉 CMOS 中规模器件的使用方法。

二、实验原理

编码器、译码器是数字系统中常用的逻辑部件，而且是一种组合逻辑电路，可以用小规模器件设计，也可以用中规模器件设计。

1. 编码器

把状态或指令等转换为与其对应的二进制代码叫编码。例如可以用 4 位二进制所组成的编码表示十进制数 0～9，把十进制数的 0 编成二进制数码 0000，把十进制数的 5 编成二进制数码 0101 等。完成编码工作的电路通称为编码器。

CD4532 是 CMOS 8 线/3 线优先编码器，其输入为 $D_0 \sim D_7$，输出为 3 位代码 $Q_2 Q_1 Q_0$，其引脚排列及功能表见附录 1。

2. 译码器

译码是编码的逆过程。译码器的作用是将输入代码的原意"翻译"出来。译码器的种类很多，如最小项译码器（3 线/8 线、4 线/16 线译码器等）、二-十进制译码器（即 4 线/10 线译码器）、七段字形译码器等。这里介绍七段字形译码器，其作用是将输入的 4 位 BCD 码 D、C、B、A 翻译成与其对应的七段字形输出信号，用于显示字形。

常用的七段字形译码器有 TTL 的 T338（OC 输出）、74LS48、74LS248（内部带有上拉电阻），还有 CMOS 的 CD4511、MC14543、MC14547 等。

3. 显示器

（1）发光二极管（LED）。LED 是一个小型的固体显示器件，是利用注入式场致发光现象，把电能转换成可见光（光能）的一种特殊半导体器件，其构造与普通 PN 结二极管相同。LED 最大优点是工作电压低（导通电压约为 1.6～2V）、寿命长、体积小、重量轻、响应速度快，能与 TTL、CMOS 器件直接配合，简化了驱动电路，因此在电子仪器、计算机和数控系统等方面获得了广泛应用。

不同材料制成的 LED，其发光颜色不同，特性也有差异，目前常用的有磷化镓（深绿）、磷砷化镓（红）等。

（2）LED 显示器。用 LED 构成数字显示器件时，需将若干个 LED 按照数字显示的要求集成一个图案，就构成显示器 LED（俗称"数码管"），附录 2 中列出了几种显示器 LED。

三、实验内容与步骤

（1）按图 2.11.1 连线，按表 2.11.1 顺序给 8 线/3 线优先编码器 CD4532 的信号输入端送入相应电平，将结果填入表 2.11.1 中，与附录 1 中 CD4532 的功能表相对照，检查是否符合优先顺序以及编码结果是否正确。

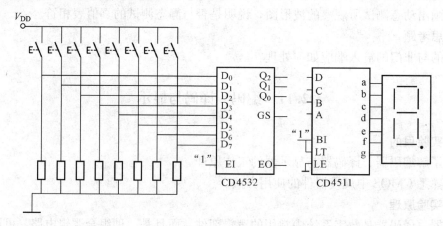

图 2.11.1　实验电路

（2）根据附录 1 所示 CD4511 的引脚图和功能表，自行设计联线，将译码器 CD4511 的数据输入端接编码器的输出端，将 CD4511 的输出接七段显示数码管。检查编码对象与数字显示是否一致，若不一致，分析原因，检查故障并进行排除。

（3）将十进制计数器/脉冲分配器 CD4017 接成八进制，用单次脉冲或 1Hz 脉冲信号检查 CD4017 的逻辑功能是否正常。

（4）将 CD4017 八个输出端 $Q_0 \sim Q_7$ 对应接到 CD4532 的八个输入端，用 1Hz 信号检查显示器显示的数字是否正确。

（5）用 1kHz 脉冲信号动态观察并记录编码器输出的波形，将结果填入表 2.11.1 中。

表 2.11.1   8/3 线优先编码器功能表

EI	D7	D6	D5	D4	D3	D2	D1	D0	Q_{GS} Q_2 Q_1 Q_0 EO
0	×	×	×	×	×	×	×	×	
1	1	×	×	×	×	×	×	×	
1	0	1	×	×	×	×	×	×	
1	0	0	1	×	×	×	×	×	
1	0	0	0	1	×	×	×	×	
1	0	0	0	0	1	×	×	×	

EI	D7	D6	D5	D4	D3	D2	D1	D0	Q$_{GS}$	Q$_2$	Q$_1$	Q$_0$	EO
1	0	0	0	0	0	1	×	×					
1	0	0	0	0	0	0	1	×					
1	0	0	0	0	0	0	0	1					
1	0	0	0	0	0	0	0	0					

四、实验设备及仪器

（1）电子技术学习机 1 台。

（2）双踪示波器 1 台。

（3）器件：CD4532、CD4511、CD4017、数码管各 1 只，8 只 47kΩ 电阻，一只 200Ω 电阻。

五、预习要求

（1）仔细阅读附录 1 中 CD4532、CD4511、CD4017 的功能表，深刻理解其功能含义。

（2）画出实验原理图（连线图）。

六、实验报告要求

（1）简述编码、译码、显示的原理。

（2）将实验结果列表，画出实验中要求的波形，进行分析。

（3）简述实验故障现象，分析其原因，排除故障方法。

（4）回答思考题。

七、思考题

（1）CMOS 电路的控制端或输入端接入高或低电平应该怎样接？要求接入高电平时是否能够悬空？

（2）TTL 电路的控制端或输入端接入高或低电平应该怎样接？要求接入高电平时是否能够悬空？接低电平时通常应如何接？

2.12　译码器和数据选择器的应用

一、实验目的

（1）了解译码器、数据选择器的工作原理及其功能。

（2）掌握译码器、数据选择器的典型应用。

（3）初步掌握使用 MSI 设计完成具有一定功能的逻辑电路，学习使用功能表。

二、实验原理

1. 译码器

译码器是一个多输入、多输出的组合逻辑电路，其功能是将输入的一组二进制代码翻译成与其对应的特定含义（如十进制数、地址线、指令等）。这样，在同一时刻，只有一个输出端上有信号。为了减小体积，提高集成度，MSI 译码器通常将其输出设计成低电平有效的形式。

MSI 译码器都有一个使能端（片选端）G，利用它可以扩展译码器的功能。

译码器一般分为两类：一类是不完全译码器如七段字形译码器（已在 2.2 节中介绍）；另一类是最小项译码器，如双 2 线/4 线译码器（74LS139）、3 线/8 线译码器（74LS138）、4 线/16 线译码器（74LS154）等。这里只介绍最小项译码器。

n 个变量的译码器其输出与输入的关系可表示为

$$Y_i = \overline{m_i}$$

式中：m_i 是由 n 个变量构成的最小项。

译码器的每一个输出端都对应于输入变量的一个最小项，整个译码器给出了全部最小项，相当于一个最小项发生器，而任一逻辑函数都可以用若干最小项之和的形式表示。因此，译码器辅以适当的逻辑门，即可实现任何逻辑函数，而不必进行逻辑函数化简。

应用举例如下。

【例 2.12.1】 用三变量译码器（74LS138）设计一位全加器。

解 （1）写出全加器逻辑表达式

全加和　　　　　$S = \overline{A}\,\overline{B}C_0 + \overline{A}B\overline{C_0} + A\overline{B}\,\overline{C_0} + ABC_0$

进位　　　　　　$C = \overline{A}BC_0 + A\overline{B}C_0 + AB\overline{C_0} + ABC_0$

（2）将 S、C 改写为

$$S = m_1 + m_2 + m_4 + m_7 = \overline{\overline{m_1} \cdot \overline{m_2} \cdot \overline{m_4} \cdot \overline{m_7}} = \overline{Y_1 \cdot Y_2 \cdot Y_4 \cdot Y_7}$$

$$C = m_3 + m_5 + m_6 + m_7 = \overline{\overline{m_3} \cdot \overline{m_5} \cdot \overline{m_6} \cdot \overline{m_7}} = \overline{Y_3 \cdot Y_5 \cdot Y_6 \cdot Y_7}$$

（3）画出如图 2.12.1 所示逻辑图。

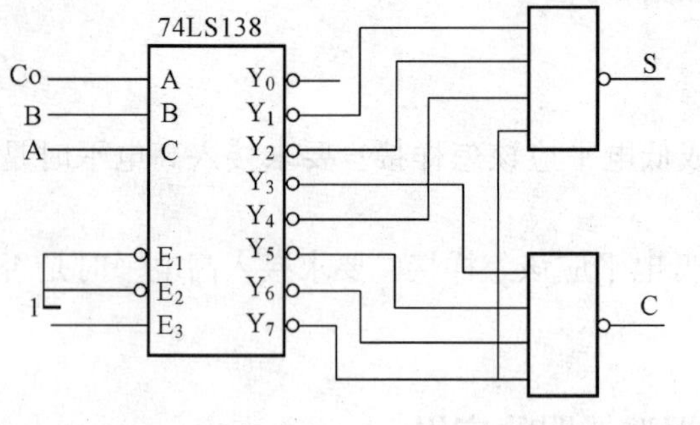

若选用双 2 线/4 线译码器 74LS139，因该译码器只有两个地址输入端，只能对应两个输入变量，利用使能端可将其扩展为 3 线/8 线译码器。

对于任意一个三变量的函数表达式总可以写成它的分解式，即

$$F(A_2, A_1, A_0) = \overline{A_2}F_1(A_1, A_0) + A_2 F_2(A_1, A_0)$$

式中：$F_1(A_1, A_0)$ 和 $F_2(A_1, A_0)$ 用 2 线/4 线译码器实现，则上式可用两块同样的译码器来连接，如图 2.12.2 所示。

图 2.12.1　74LS138 设计全加器

在图 2.12.2 中，当 $A_2 = 0$ 时，译码器（1）工作，输出 $m_3 \sim m_0$；当 $A_2 = 1$ 时，译码器 74LS139（2）工作，输出 $m_7 \sim m_4$。

用图 2.12.2 实现全加器的逻辑图，如图 2.12.3 所示。

2. 数据选择器

数据选择器又称多路开关（MUX），是一个多输入单输出的组合逻辑电路（有的具有互补输出端）。其基本工作原理类似于单刀多掷开关，在地址码（或称选择输入端）的控制下，将某一路的输入作为输出，以实现多通道数据传输。

数据选择器的种类有 74LS157（双二选一）、74LS154（双四选一）、74LS151（八选一）、74LS150（十六选一）等。

图 2.12.4 为四选一 MUX 的逻辑符号及等效开关。数据选择器的引脚图及功能表见附

录 1。

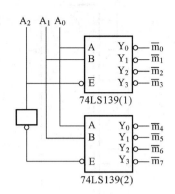

图 2.12.2　双 2 线/4 线译码器扩为
3/8 线译码器

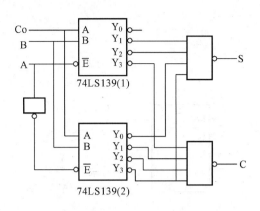

图 2.12.3　双 2/4 线译码器实现全加器

使能信号 E 为低电平有效。当 E＝0 时，输出、输入的关系为

$$Y = \sum m_i \cdot I_i$$

式中：m_i（$i＝0\sim3$）为 AB 两变量构成的最小项。

对于有 n 位输入地址的 MUX，其输出输入的关系可表示为

$$Y = \sum m_i \cdot I_i (i = 0 \sim 2^n - 1)$$

多路选择器的应用和其他中规模集成电路一样，远远超出其名称所表示的功能，发展成为一种多功能器件。

应用举例如下。

【例 2.12.2】　试用多路选择器实现逻辑函数：

$$F(A,B,C) = A\overline{C} + \overline{A}C + \overline{B} + AB\overline{C}$$

解　先将函数 F 展开成最小项表达式得

$$F(A,B,C) = m_0 + m_1 + m_3 + m_4 + m_5 + m_6$$

显然有

$$I_0 = 1, I_1 = 1, I_2 = 0, I_3 = 1, I_4 = 1, I_5 = 1, I_6 = 1, I_7 = 0$$

将变量 A、B、C 接入地址输入端 ABC，由此可以画出用八选一 MUX74LS151 实现的逻辑电路，如图 2.12.5 所示。其中 E 为使能端。

【例 2.12.3】　试用 74LS151 实现逻辑函数：

$$F(A,B,C,D) = \sum(0,2,3,7,8,9,10,12,13)$$

解　由于 74LS151 只有三个地址输入端，而函数 F 有四个变量，因此应将函数 F 作适当处理，即括出一个变量（如变量 A）然后进行合并，如图 2.12.6 所示。由此得

$$I_0 = 1, I_1 = A, I_2 = 1, I_3 = \overline{A}, I_4 = A,$$
$$I_5 = A, I_6 = 0, I_7 = \overline{A}$$

将 B、C、D 分别接入 74LS151 的地址端 ABC，实现该函数的逻辑图，如图 2.12.7 所示。

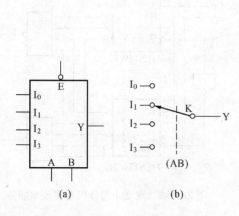

图 2.12.4 四选一 MUX 的逻辑符号及符效开关

(a) 逻辑符号；(b) 等效开关

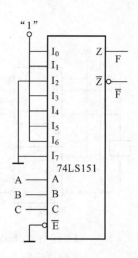

图 2.12.5 八选一逻辑电路

数据选择器除用来实现逻辑函数外，还可以和计数器一起实现序列码发生器（请参阅综合实验 3.4 "序列码发生器和序列码检测器"）。

三、实验内容与步骤

(1) 检查每个与非门的好坏。

(2) 验证 74LS138、74LS139 和 74LS151 的逻辑功能是否与附录 1 相符。

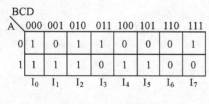

A \ BCD	000	001	010	011	100	101	110	111
0	1	0	1	1	0	0	0	1
1	1	1	1	0	1	1	0	0
	I_0	I_1	I_2	I_3	I_4	I_5	I_6	I_7

图 2.12.6 卡诺图

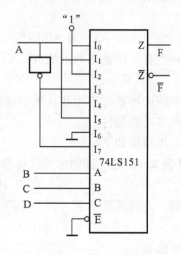

图 2.12.7 四变量函数器

(3) 用 74LS138 和 74LS20 实现一位全减器，记录实验结果。

(4) 用 74LS139 实现三变量多数表决电路，记录实验结果。

(5) 用 74LS151 实现三变量多数表决电路，记录实验结果。

四、实验设备及仪器

(1) 电子技术学习机 1 台。

(2) 器件 74LS20、74LS138、74LS139、74LS151 各 1 片。

五、预习要求

(1) 查阅附录，熟悉 74LS138、74LS139 和 74LS151 的引脚及功能。

(2) 按实验内容要求画好实验电路联线图，以此作为实验依据。

六、实验报告要求

(1) 画出各实验步骤的实验电路逻辑图，整理实验结果，并对实验结果进行分析。

（2）总结译码器及数据选择器的功能及使用方法。

（3）总结用中规模器件设计实现逻辑函数的步骤和方法。

七、思考题

（1）如何将 3 线/8 线译码器扩展成 4 线/16 线译码器？画出逻辑图。

（2）如何用 74LS138 和 74LS20 实现三变量多数表决电路？画出设计电路图。

2.13 触发器及其应用

一、实验目的

（1）熟悉常用的 TTL 及 CMOS 触发器的基本结构及其逻辑功能。

（2）掌握触发器的正确使用方法。

二、实验原理

触发器是组成时序逻辑电路的最基本器件，在数字系统和计算机中有着广泛的应用。目前，集成触发器不仅作为独立的集成元件被大量使用，它还是组成计数器、移位寄存器或其他时序电路的基本单元电路。因此，熟悉各类触发器的功能，熟练地掌握和应用各种集成触发器，就显得十分必要。

1. 触发器按电路结构分

触发器按电路结构可分为钟控式、维持阻塞式、主从式和边沿触发式。

钟控式触发器属于电平触发方式，因此存在空翻现象，不能用作计数器或移位寄存器，只能用于 CP＝1 期间输入信号不变化的那些场合。维持阻塞型和边沿触发型触发器能避免空翻，实现一次操作的触发器，是目前广泛应用的触发器类型。主从型触发器属于下降边沿触发的触发器，在使用主从型触发器时需要注意的是，在 CP＝1 期间，如果输入信号发生了变化（如干扰引起的），则主触发器也会发生类似的空翻现象，从而使触发器发生误动作，因此规定输入信号只允许在 CP＝0 期间变化，而不允许在 CP＝1 期间变化，这给使用带来一些限制。

2. 触发器按其触发方式分

触发器按其触发方式可分为电平式触发方式和边沿触发方式两种。

锁定触发器就是属于电平触发方式的一种触发器，如四锁存器 74LS75、T452。在 CP＝1 时 $Q^{n+1}＝D$，而在 CP＝0 时，触发器状态被锁定（保持）。

任何触发器在使用时还应注意其脉冲工作特性，即由于电路实际上存在传输延迟时间，所以输入信号与时钟信号在作用时间上应当很好地配合，否则就不能可靠工作。

一般要求输入信号应在 CP 有效边沿作用前一段时间内建立，即要求有"建立时间 t_s"，而且输入信号还应在 CP 有效边沿作用后一段时间内保持不变，即有"保持时间 t_h"。不同触发器的 t_s 和 t_h 各不相同，在产品手册中均可查出。t_s 和 t_h 的总和称之为触发器的"非稳定时间 t_0"。为了稳定可靠地工作，任何触发器都不允许输入信号在非稳定时间 t_0 内发生变化。图 2.13.1 所示为上升沿触发器的非稳

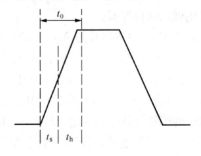

图 2.13.1 触发器的非稳定时间区

定时间区示意图。

3. 各类触发器的功能（特征方程）

（1）钟控 SR 触发器

$$Q^{n+1} = S + \overline{R}Q^n$$
$$SR = 0（约束条件）$$

（2）JK 触发器

$$Q^{n+1} = J\,\overline{Q^n} + \overline{K}Q^n$$

（3）D 触发器

$$Q^{n+1} = D$$

（4）T 触发器

$$Q^{n+1} = T \oplus Q^n$$

（5）T' 触发器

$$Q^{n+1} = \overline{Q^n}$$

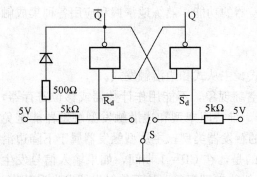

图 2.13.2　单脉冲产生电路

三、实验内容及步骤

1. 单脉冲产生电路

对时序逻辑电路进行静态测试时，往往需要一单脉冲信号源。图 2.13.2 为单脉冲产生电路，是由两只与非门构成的 $R_d S_d$ 触发器，每来回扳动一次开关 S，在 Q 端便产生单次正脉冲，而 $\overline{Q}$ 端产生单次负脉冲。单脉冲电路也可用集成触发器的直接置位端（$\overline{S_d}$）和直接复位端（$\overline{R_d}$）构成。

2. 三相脉冲信号源

三相脉冲信号源电路如图 2.13.3 所示。电路输出三相脉冲源 ϕ_1、ϕ_2 和 ϕ_3，其中 ϕ_1 与 ϕ_2 正好覆盖 90°，而 ϕ_3 与 ϕ_2 反相。若将 F2 的 CLK 端改接至 F1 的 Q 端，则 ϕ_2 将超前 ϕ_1 为 90°。如果改变组合网络，则还可获得其他不同相位差的多相脉冲源。

分析实验电路的工作原理，写出 ϕ_1、ϕ_2、ϕ_3 的逻辑表达式。用 1Hz 脉冲信号做时钟 CP，用示波器观察记录 ϕ_1、ϕ_2、ϕ_3 对应于 CP 的波形图。

3. 时间判别电路

用 74LS75 4 位锁存器及一些附加门可以构成四路时间判别电路，如图 2.13.4 所示。该电路可用做四路抢答器。

图 2.13.4 中按钮开关 $AN_0 \sim AN_4$ 可以用实验箱 0~1 开关代替，$L_1 \sim L_4$ 可以用实验箱 LED 代替。工作前，先按 AN_0，这时 $L_1 \sim L_4$ 不亮，抢答开始时，根据 $AN_0 \sim AN_3$ 按下的时间先后次序，先按下的按钮与其所对应的 LED 亮，其余的 LED 保持不亮，同时通过 74LS75 的控制端 E 将 74LS75 锁存，使后按下的按钮不起作用。

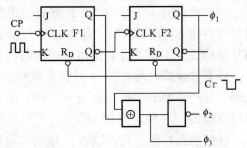

图 2.13.3　三相脉冲信号源电路

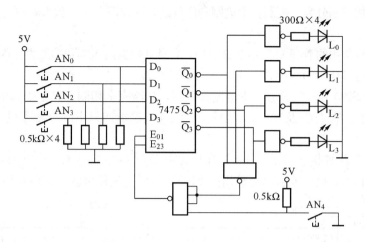

图 2.13.4 时间判别电路

四、实验设备及仪器

(1) 电子技术学习机 1 台。

(2) 双踪示波器 1 台。

(3) 器件：74LS00（四 2 输入与非门），74LS20（双 4 输入与非门），74LS86（四异或门），74LS02（四 2 输入或非门），74LS112（双 JK 触发器），74LS75（四 D 锁存器）。

五、预习要求

(1) 熟悉本实验中所用器件的功能和引脚排列，画出实验连线图。

(2) 画出实验有关输入、输出的波形，并在实验中验证。

六、实验报告与要求

(1) 分析三相脉冲源的工作原理，写出 ϕ_1、ϕ_2、ϕ_3 的逻辑表达式，用示波器观测并画出 CP、ϕ_1、ϕ_2 和 ϕ_3 的波形。

(2) 分析时间判别电路的工作原理，说明实验结果。

七、思考题

(1) 能否用其他器件设计出 1～2 种时间判别电路？

(2) 在图 2.13.4 中，假设抢答开关 AN_1 按下即抢答成功，E_{01}、E_{02} 是高电平还是低电平？为什么？

2.14 计数器及其应用

一、实验目的

(1) 熟悉计数器的工作原理，掌握 MSI 计数器逻辑功能及其应用。

(2) 掌握计数器的级联方法，并会用 MSI 计数器实现任意进制计数。

二、实验原理

计数器是一种使用相当广泛的功能器件，现在无论是 TTL 还是 CMOS 集成电路，都有品种齐全的 MSI 计数器。

计数器是一种时序电路，工作方式可分为同步和异步两种。

　　计数器按计数进制分为二进制、十进制和任意进制计数器；按计数方式可分为加法、减法和可逆计数器。

　　下面介绍几种常用的 MSI 计数器及其应用，各种计数器的引脚和功能表见附录 1。

　　（一）74LS90、74LS290 异步二—五—十进制计数器

　　74LS90、74LS290 异步二—五—十进制计数器，功能完全相同，只是引脚的排列不同而已。该计数器具有计数、清"0"及置"9"等功能。该计数器由四只下降沿触发的 JK 触发器构成，为双时钟结构。

　　十进制计数有两种接法。图 2.14.1（a）为由 Q_D、Q_C、Q_B、Q_A 输出的 8421BCD 码；图 2.14.1（b）为由 Q_A、Q_D、Q_C、Q_B 输出的 5421BCD 码，这种接法可获得对称方波输出。

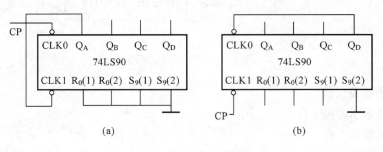

图 2.14.1　十进制计数器

（a）8421BCD 码；（b）5421BCD 码

　　该计数器的基本用途是可获得模 N 为 2、5、10 三种计数功能。若引入适当反馈就可构成模 10 以内的任意进制计数器。现以七进制（$N=7$）为例说明如何构成任意进制计数器。

　　【例 2.14.1】　用 74LS90 构成模 $N=7$ 的计数器。

　　（1）反馈清"0"法：计数到 N，异步清"0"。

$$S_N = S_7 = Q_D Q_C Q_B Q_A = 0111 \quad （8421 码）$$

$$S_N = S_7 = Q_A Q_D Q_C Q_B = 1010 \quad （5421 码）$$

　　图 2.14.2 是以 5421 码形式设计的七进制计数器及其波形图，若用 8421 码形式，则需加逻辑门，故不可取。

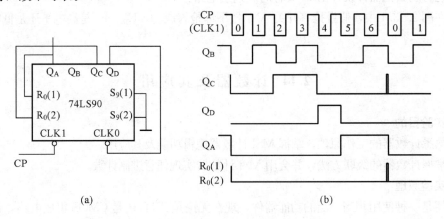

图 2.14.2　反馈归零法

（a）逻辑图；（b）波形图

（2）反馈置数法：计数到 $N-1$，异步置 9。

$S_{N-1}=S_6=Q_DQ_CQ_BQ_A=0110$ （8421 码）

$S_{N-1}=S_6=Q_AQ_DQ_CQ_B=1001$ （5421 码）

图 2.14.3 是以 8421 码形式设计的七进制计数器及其波形图。

一片 74LS90 可实现模 $N\leqslant10$ 的任意进制计数，余下类推。

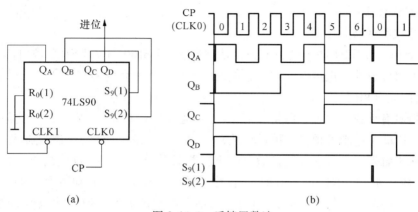

图 2.14.3 反馈置数法

（a）逻辑图；（b）波形图

（二）同步 MSI 计数器

1. 4 位二进制计数器

4 位二进制计数器有以下几种。

（1）74LS161、74LS163 4 位二进制可预置计数器。74LS161 与 74LS163 是由四只 JK 触发器及若干门电路构成的，正边沿触发，它们的区别仅在于前者为异步（直接）清"0"，后者为同步清"0"，而引脚图完全相同。

该计数器具有计数、预置、保持和清"0"功能，可直接用做二、四、八、十六进制计数，引入适当反馈就可构成模 $N<16$ 的任意进制计数器。

（2）74LS193 4 位二进制可预置、可逆计数器。74LS193 是由四只 JK 触发器及若干门电路构成的，正边沿触发。它具有加法计数（CLKU 接计数脉冲，CLKD 接高电平）、减法计数（CLKD 接计数脉冲，CLKU 接高电平）、直接（异步）预置（L_D）和清除（R）等功能。

74LS193 的使用方法与 74LS161 相似，但应注意两者之区别，表 2.14.1 列出了两者在清"0"、进位、置数及计数方式等方面的差别。

表 2.14.1　　　　　　　　　　　　　74LS161 与 74LS193 的比较

	74LS161	74LS193
清除 R	0	1
进位 $O_C=$	$Q_3Q_2Q_1Q_0 \cdot ET$ 正脉冲，其宽度=CLK 周期	$\overline{Q_3Q_2Q_1Q_0} \cdot \overline{CLKU}$ 负脉冲，其宽度=CLKU 负半周期
借位 $O_B=$	—	$\overline{Q_3Q_2Q_1Q_0} \cdot \overline{CLKD}$ 负脉冲，其宽度=CLKD 负半周期

	74LS161	74LS193
置数 L_D	0，在 CLK↑时完成	0，直接（异步），与 CLK 无关
计数方式	加法（单时钟）	加法/减法（双时钟）

2. 十进制计数器

十进制计数器有以下几种。

（1）74LS160、74LS162 十进制可预置计数器。74LS160 与 74LS162 是由四只 JK 触发器及若干门电路构成的，正边沿触发，它们的区别仅在于前者为异步清"0"，后者为同步清"0"，而引脚图完全相同。

该计数器具有计数、预置、保持和清"0"功能（与 74LS161、74LS163 类似）。

（2）74LS192 十进制可预置、可逆计数器。74LS192 是由四只 JK 触发器及若干门电路构成的，正边沿触发。它具有加法计数（CLKU 接计数脉冲，CLKD 接高电平）、减法计数（CLKD 接计数脉冲，CLKU 接高电平）、直接（异步）预置（L_D）和清除（R）等功能。

74LS192 的使用方法与 74LS160 相似，都是十进制计数器，但应注意两者使用上的差别，表 2.14.2 列出了两者在清"0"、进位、置数及计数方式等方面的差别。

表 2.14. 2 　　　　　　　　　**74LS160 与 74LS192 的比较**

	74LS160	74LS192
清除 R	0	1
进位 $O_c=$	$Q_3 Q_2 Q_1 Q_0 \cdot ET$ 正脉冲，其宽度＝CLK 周期	$\overline{Q_3 Q_0 \cdot \overline{CLKU}}$ 负脉冲，其宽度＝CLKU 负半周期
借位 $O_B=$	—	$\overline{Q_3 Q_2 Q_1 Q_0 \cdot \overline{CLKD}}$ 负脉冲，其宽度＝CLKD 负半周期
置数 L_D	0，在 CLK↑时完成	0，直接（异步），与 CLK 无关
计数方式	加法（单时钟）	加法/减法（双时钟）

【例 2.14. 2】 用 74LS161 构成模 $N=5$ 的计数器。

（1）反馈清"0"法：计数到 N，异步清"0"。其逻辑图及波形图如图 2.14.4（a）所示。该方法产生的波形有毛刺，清"0"不可靠。

（2）反馈置数法：检测末态，预置初态。

4 位二进制计数器有 16 种状态，任取其中 5 个连续状态作为计数序列。具体做法有以下两种。

1）置计数器初态为 $S_0=0000$，计数器末态为 $S_{N-1}=0100$，$L_D=\overline{Q_2}$。其逻辑图及波形图如图 2.14.4（b）所示。

2）利用串行进位输出 O_C（$O_C=Q_3 Q_2 Q_1 Q_0 \cdot ET$），同步预置补数（$2^K-N$），$N=5$，一片 74LS161 的 $K=4$，故预置数为 $2^4-5=11=(1011)_2$，$L_D=\overline{Q_2}$。其逻辑图及波形图如图 2.14.4（c）所示。

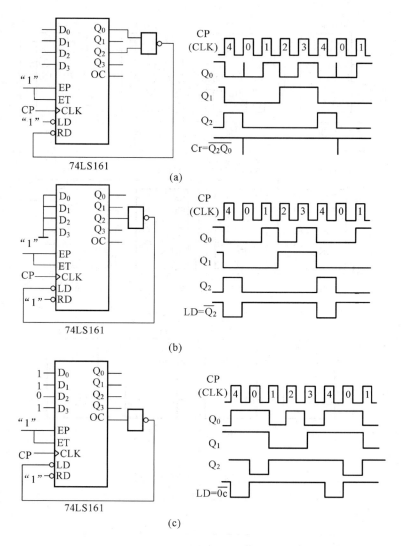

图 2.14.4 用 74LS161 构成模 $N=5$ 计数器

(a) 反馈清 "0" 法；(b) 置 $S_0=0000$；(c) 利用串行进位输出 O_c

（三）计数器的级联

上面介绍的计数器的计数能力是有限的，一只十进制计数器只能表示 0～9 十个数，而一只十六进制计数器最多也只能表示 0～15 十六个数。在实际应用中，需要计的数往往很大，两位数是不够的，往往要用到 4、5 位甚至 7、8 位。解决这个问题的办法是把几只相同的计数器级联起来。

图 2.14.5 给出了 74LS90、74LS161 和 74LS193 级联的方法。

【例 2.14.3】 试用十进制计数器 74LS160 构成模 $N=99$ 的计数器。

因 $10^1<99<10^2$，故需要两只 74LS160 级联。当计数值在 0～98 时正常计数；当计数值从 98 增到 99 时，产生一个清 "0" 脉冲加到 R 清 "0" 端，从而使计数器复 "0"。由此可画出所设计的模 $N=99$ 的逻辑图，如图 2.14.6 所示。

图 2.14.6 中 RS 触发器的作用是提高复位的可靠性，避免由于器件参数的离散性造成

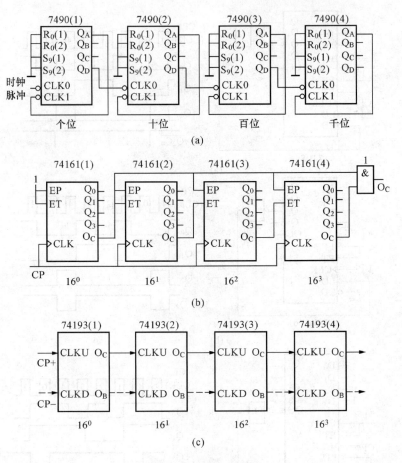

图 2.14.5　计数器的级联

(a) 74LS90；(b) 74LS161；(c) 74LS193

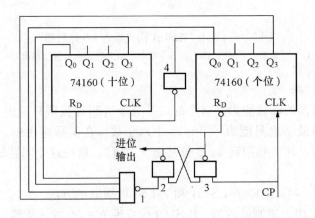

图 2.14.6　模 99 计数器（1）——反馈清零法

的复位不可靠错误。电路的工作原理由读者自行分析。

改变与非门 1 输入端反馈联线，就可获得任意进制计数器。

用反馈清"0"法设计的计数器存在一个毛刺,它正是靠这一毛刺来修正模值的。为避免计数毛刺,可采用反馈置数法。

【例 2.14.4】 用反馈置数法设计模 $N=99$ 的计数器(器件选用 74LS161)。

用反馈置数法设计模 N 计数器,有两种计数序列可供选择。

一种是将 (N-1) 进行二进制分解后取出所有为"1"位与非后加到 LD 端,且令预置数 $D_3 D_2 D_1 D_0 = 0000$。

因 $16^1 < (99-1) < 16^2$,故用两只 74LS161 级联,将模值 98 化为二进制数 $(01100010)_2$,故计数序列函数为

$$F = \overline{Y_6 Y_5 Y_1}$$

所设计的模 99 的计数器如图 2.14.7 所示。

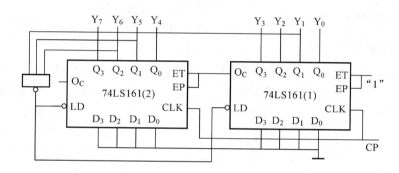

图 2.14.7 模 99 计数器 (2)——反馈置数法

第二种选取计数序列的方法是使用最后 N 个计数值,用 O_C 作为反馈控制,并且同步预置 N 的补数 ($16^K - N$),$K=2$,$N=99$。因 $256-99=157=(10011101)_2$,所以在并行数据输入端置代码 $I_7 I_6 I_5 I_4 I_3 I_2 I_1 I_0 = 10011101$。由此设计得到模 99 的计数器如图 2.14.8 所示。该计数器的计数序列是 10011101 到 11111111,恰为模 99 计数,改变 $I_7 \sim I_0$ 的数据,则可改变计数器的模,故而可实现可编程计数器。

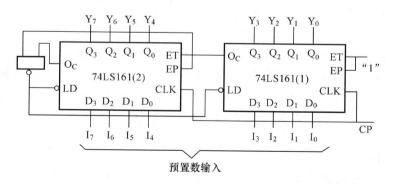

图 2.14.8 模 99 计数器 (3)——可编程计数器

三、实验内容及主要步骤

(1) 设计一个模 $N=7$ 的加法计数(用 74LS161),用反馈置数法,计数序列及器件自选。画出计数器逻辑图,用示波器观测计数器各点波形。

（2）设计一个模 $N=6$ 加法计数器，用反馈清零法，用 74LS161 设计。

（3）设计一个模 $N=24$ 的加法计数器，计数序列及器件自选。画出计数器逻辑图，用静态测试法检验计数器的功能。

（4）用 74LS193 实现十进制可逆计数，用静态测试法检验计数器的功能。用示波器观测并记录 CP、Q_0、Q_3 及 O_C（O_B）之同步波形。

（5）用 74LS161 及 74LS150（十六选一多路选择器）实现模 2-16 可变计数器，其实验电路如图 2.14.9 所示。试分析电路工作原理，用静态测试法检查电路逻辑功能。

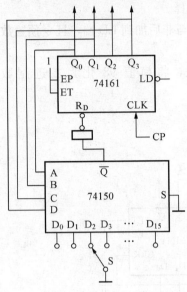

图 2.14.9　模 2-16 可变计数器

四、实验设备及仪器

（1）电子技术学习机 1 台。

（2）双踪示波器 1 台。

（3）器件：

74LS90（异步二-五-十进制计数器）、74LS161（同步二进制可预置计数器）、74LS193（同步二进制可预置、可逆计数器）、74LS160（同步十进制可预置计数器）、74LS192（同步十进制可预置、可逆计数器）、74LS150（十六选一多路选择器）、74LS20（双 4 输入与非门）各 1 片。

五、预习要求

（1）熟悉本实验中所用器件的功能和引脚排列，掌握其使用特点。

（2）画出实验连线图及相关波形图，并在实验中验证。

六、实验报告与要求

（1）画出各实验步骤的实验电路逻辑图，整理实验结果，并说明实验方法。

（2）分析图 2.14.6 所示模 99 计数器（1）的工作原理。

（3）总结各种计数器在使用上的异同点，总结实现 N 进制计数器的方法。

（4）回答思考题。

七、思考题

（1）若图 2.14.6 计数器用 74LS290 代替 74LS160，应如何修改逻辑图？请说明。

（2）在图 2.14.8 中，要实现计数值为 1～99 的九十九进制计数，应怎样修改连线图？

2.15　555 定时器及其应用

一、实验目的

（1）熟悉 555 定时器的工作原理。

（2）掌握 555 定时器的典型应用。

二、实验原理

（一）555 定时器的基本结构

555 定时器由于其用途广泛，因而发展迅速。目前除 NE555 型号外，还有 FX555、FD555（以上为 TTL 型）；CC7555、ICM555、5G7555、5G7556、CH7556（以上为 CMOS

型，其中 5G7556、CH7556 为双定时器）。

555 定时器是一种模拟、数字相结合的多功能 MSI 电路，其电路引脚图如图 2.15.1 所示。其功能表见附录 1。

使用时应注意的是控制电压（5 脚）为外接，它可改变比较器 A 的基准电压以实现外加电压控制。此端不用时，通常接入 $>0.01\mu F$ 的电容。

典型参数：

电源电压 V_{CC}：$5\sim18V$（典型值为 10V）。

输出最大电流：200mA。

阈值电压：$2V_{CC}/3$。

触发电压：$V_{CC}/3$。

触发电流：$0.5\mu A$。

复位电流：0.1mA。

阈值电流：0.1mA。

控制电压电平：$9.0\sim11V$（$V_{CC}=15V$），$2.6\sim$ 4.0V（$V_{CC}=5V$）。

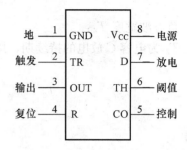

图 2.15.1　555 定时器电路引脚图

输出低电平：$0.1\sim2.5V$（$V_{CC}=15V$，其值与灌电流有关）。

输出高电平：$12.5\sim13.3V$（$V_{CC}=15V$，其值与拉电流有关）。

输出上升时间 t_r：100ns。

输出下降时间 t_f：100ns。

（二）典型应用

555 定时器应用范围很广，只需改变其引脚连线，外接少量阻容元件即可组成多谐振荡器、施密特触发器、压控振荡器，以及电子音乐、电子门铃、报警装置等。

1. 多谐振荡器

由 555 构成的多谐振荡器的基本电路如图 2.15.2（a）所示。根据上述的 555 定时器的工作原理及其功能表，不难画出多谐振荡器的波形，如图 2.15.2（b）所示。

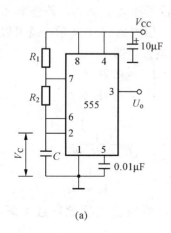

(a)

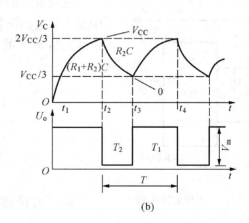

(b)

图 2.15.2　多谐振荡器电路及其波形图

（a）电路；（b）波形

正方波宽度 T_1：

T_1 为电容 C 充电的持续期，根据 V_C 的波形可求得

$$\tau_充 = (R_1 + R_2)C$$

所示

$$T_1 = \tau_充 \cdot \ln \frac{V_{CC} - \frac{1}{3}V_{CC}}{V_{CC} - \frac{2}{3}V_{CC}} = \tau_充 \cdot \ln 2 \approx 0.7(R_1 + R_2)C$$

负方波宽度 T_2：

T_2 为电容 C 放电的持续期，用相似的方法可得

$$T_2 = \tau_放 \cdot \ln \frac{\frac{2}{3}V_{CC}}{\frac{1}{3}V_{CC}} = \tau_放 \cdot \ln 2 \approx 0.7R_2C$$

其中

$$\tau_放 = R_2C$$

周期 T：

$$T = T_1 + T_2 = 0.7(R_1 + 2R_2)C$$

频率 f：

$$f = \frac{1}{T} = \frac{1.4}{(R_1 + 2R_2)C}$$

振幅 V_m：

$$V_m \approx V_{CC}$$

空度比 D：可定义为输出低电平时间（T_2）与周期（T）之比，即

$$D = \frac{T_2}{T_1 + T_2} = \frac{R_2}{R_1 + 2R_2} < 50\%$$

若 $R_2 \gg R_1$，可近似获得空度比为 50% 的对称方波。

上述电路的空度比不能大于 50%，若将图 2.15.2（a）中充、放电回路分开，如图 2.15.3 所示，就可以构成一个空度比达 90% 的矩形波发生器：

$$T_1 = 0.7R_1C$$
$$T_2 = 0.7R_2C$$
$$T = 0.7(R_1 + R_2)C$$
$$f = \frac{1.4}{(R_1 + R_2)C}$$
$$D = \frac{T_2}{T} = \frac{R_2}{R_1 + R_2}$$

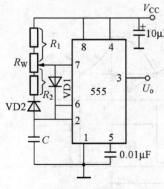

图 2.15.3　矩形波发生器

调节电位器 R_W，可改变空度比，且不影响振荡频率 f。

2. 压控振荡器（VCO）

将 555 定时器之控制端（5 脚）引入控制电压，以改变比较器 A、B 之基准电压，从而

控制充、放电时间，起到控制振荡频率的目的。线路如图 2.15.4（a）所示，图 2.15.4（b）
为其工作波形图。

波形参数：

$$T_1 = (R_1 + R_2)C\ln\frac{V_{\mathrm{CC}} - \frac{1}{2}V_5}{V_{\mathrm{CC}} - V_5}$$

$$T_2 = 0.7R_2C$$

$$T = T_1 + T_2$$

改变 V_5（调节电位器 R_{W}），T_1 随之变化，而 T_2 不变，故振荡周期亦随之改变。但这
种改变是非线性的。

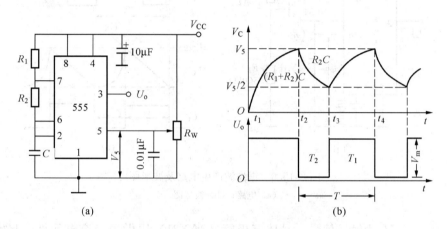

(a)　　　　　　　　　　　　　　(b)

图 2.15.4　压控振荡器电路及波形图
(a) 电路；(b) 波形图

3. 单稳触发器

单稳触发器的主要用途是对脉冲波形进行整形、延时、定时或用做分频器等。由 555 定
时器构成的单稳触发器及主要测试点的波形图如图 2.15.5 所示。

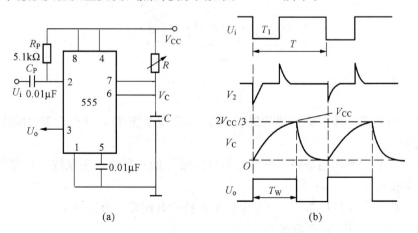

(a)　　　　　　　　　　　　　　(b)

图 2.15.5　单稳触发器电路及波形图
(a) 电路；(b) 波形图

图 2.15.5 中 R_P、C_P 为微分电路，如果触发信号 U_i 的负脉冲宽度 T_1 较宽，而单稳触发器输出 U_o 的脉冲宽度 $T_W < T_1$ 时，则要加微分电路。

单稳触发器输出的脉冲宽度 T_W 的计算式为

$$T_W = RC\ln3 = 1.1RC$$

4. 锯齿波产生电路

锯齿波是电压随时间线性增长的波形，常用做示波器的时基扫描电路。锯齿波产生电路如图 2.15.6（a）所示，图 2.15.6（b）为其波形图。

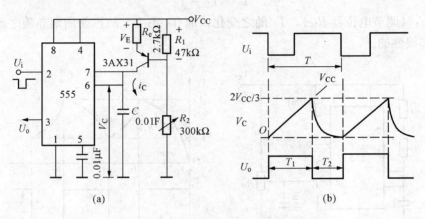

图 2.15.6　锯齿波产生电路及波形图

(a) 电路；(b) 波形图

图 2.15.6 中 U_i 为触发信号，晶体三极管（3AX31）用做恒流充电元件，起始充电电流为

$$i_C(0) = I_e = \frac{V_{R1} - V_{BE}}{R_e} = \frac{V_{CC} - V_{CC}\left(\dfrac{R_2}{R_1 + R_2}\right) - V_{BE}}{R_e} = 常数$$

$$V_C(t) = \frac{1}{C}\int i_C(0)\,\mathrm{d}t = \frac{i_C(0)}{C}t$$

$$V_C(T_1) = \frac{i_C(0)}{C}T_1 = \frac{2}{3}V_{CC}$$

$$T_1 = \frac{2}{3}V_{CC} \times \frac{C}{i_C(0)}$$

$$T_2 = T - T_1$$

改变 $i_C(0)$，即可改变锯齿波的斜率 $\Delta V_C / \Delta t$，即改变 T_1，从而改变扫描速度。

5. 施密特电路

施密特电路的主要作用是将缓慢变化的电压波（如三角波、正弦波等）整形为矩形波。施密特电路如图 2.15.7（a）所示。

施密特电路的主要特性是 $U_o \sim U_I$ 电压传输特性有回差，分析如下：

设输入 U_I 为 0～5V 的三角波。

首先分析 U_I 从 0V 开始上升的过程：

（1）当 $U_I < 1/3V_{CC}$ 时，$U_O = U_{OH}$。

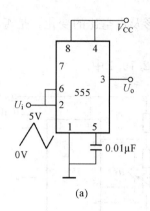 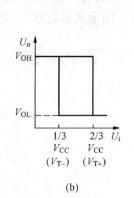 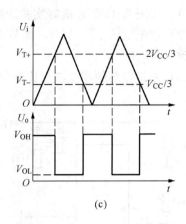

图 2.15.7 施密特电路

(a) 施密特电路；(b) 电压传输特性；(c) 输入、输出波形

(2) 当 $1/3V_{CC} < U_I < 2/3V_{CC}$ 时，电路处于保持状态，$U_O = U_{OH}$。

(3) 当 $U_I \geq 2/3V_{CC}$ 时，$U_O = U_{OL}$。

把输出从高电平跃变为低电平的输入电压 U_I 称为"接通电平"，用 U_{T+} 表示。显然

$$U_{T+} = 2/3V_{CC}$$

其次分析 U_I 越过三角波顶点开始下降的过程：

(1) 当 $1/3V_{CC} < U_i < 2/3V_{CC}$ 时，输出保持原态，$U_O = U_{OL}$。

(2) 当 $U_i \leq 1/3V_{CC}$ 时，$U_O = U_{OH}$。

把输出从低电平跃变为高电平时输入电压 U_I 的值，称为"关断电平"，用 U_{T-} 表示。显然

$$U_{T-} = 1/3V_{CC}$$

根据以上分析，可画出 $U_O \sim U_I$ 电压传输特性（回差特性），如图 2.15.7 (b) 所示。把 $\Delta U_T = (U_{T+} - U_{T-})$ 称为回差电压，此处 $\Delta U_T = 2V_{CC}/3 - 1V_{CC}/3 = 1/3V_{CC}$。

若参考电压由控制端电压（5 脚）U_{co} 给出，这时 $U_{T+} = U_{CO}$，$U_{T-} = 1/2U_{CO}$，则

$$\Delta U_T = U_{CO} - U_{CO}/2 = U_{CO}/2$$

只要改变 U_{CO} 的值，即可调节回差电压的大小。

有了回差特性，即可根据输入波形画出输出波形，如图 2.15.7 (c) 所示。

6. 防盗报警装置

利用 555 压控制振荡器原理的 555 复位端（R_d）的功能可以组成简易的防盗报警装置，电路如图 2.15.8 所示。

从复位端 4 引出一根细导线到地，故 555 停振。另外将频率为 f_0 的脉冲信号（$f_0 = 1$kHz）经 10μF 电容接到控制端 5 脚，以构成压控振荡器。这样，一旦细导线被撞断，555 立即振荡，并发出报警声，报警声的效果可调节电位器 R_W 和 f_0 的频率。

三、实验内容及步骤

1. 多谐振荡器

多谐振荡器电路如图 2.15.9 所示。也可选择图 2.15.2 电路，其中 $R_1 = 1$kΩ，$R_2 = 200\Omega$，$C = 103$pF。

（1）按图 2.15.9 连接好实验线路，检查连线是否正确。

（2）加电（$V_{CC}=+5V$），调节 R_W，用示波器观察 U_O 波形及占空比的变化，是否与理论一致。

（3）测量振荡频率及占空比变化范围，将测量结果填入表 2.15.1 中。

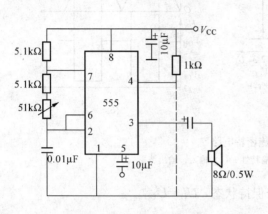

图 2.15.8　防盗报警装置

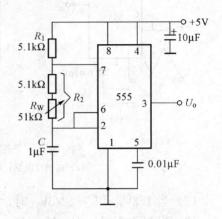

图 2.15.9　多谐振荡器电路

2. 单稳触发器

（1）参考图 2.15.5，要求单稳输出脉冲宽度 T_W 可调范围为 $10\sim100\mu s$，单稳输入触发信号 U_i 用实验内容 1 中的振荡信号。

（2）用示波器观察并记录 U_i、U_c 及 U_O 的同步波形，测量脉冲宽度的调节范围，并与理论值进行比较，结果填入表 2.15.2 中。

表 2.15.1　　多谐振荡器电路实验数据

周　　期		占空比		τ 值	
实测值	理论值	实测值	理论值	τ 充	τ 放

表 2.15.2　　单稳触发器实验数据

$R(k\Omega)$	$C(\mu F)$	脉冲宽度 T_W（μS）	
		实测值	理论值
			10
			100

3. 锯齿波产生电路

按图 2.15.6 所示电路进行实验，改变 R_2，观察锯齿波的变化，从而测出锯齿波宽度 T_1 的变化范围。

4. 施密特电路

按图 2.15.7（a）所示电路进行实验，输入三角波电压由函数发生器提供，用示波器观察并记录 U_1、U_O 波形（注明参数）。

接入控制电压 U_{CO} 以改变回差电压，观察并记录 U_O 波形的变化。

5. 防盗报警装置电路

按图 2.15.8 所示电路进行实验，改变 R_W 及 f_0，将报警音响调到最佳状态。

四、实验设备与仪器

（1）电子技术学习机 1 台。

（2）双踪示波器 1 台。

（3）函数发生器 1 台。

（4）器件：555×2，3AX31×1，2AP9×1；电阻 2.7kΩ×1，5.1kΩ×2，47kΩ×1；电位器 10kΩ×1，56kΩ×1，300kΩ×1；电容 0.01μF×2，1μF×2，10μF×2；扬声器×1。

五、实验报告与要求

（1）画出各实验步骤的实验电路图，并对电路中主要元器件的功能作简要定性的说明。

（2）整理各实验的结果，画出波形图，并标出波形的参数；列出必要的数据表格；对实验结果与理论值进行比较和分析，得出相应的结论。

（3）回答思考题（1）、（2）。

六、思考题

（1）说明 555 定时器的第 5 脚（CO）的作用，若该引脚接地，则会出现什么现象？

（2）为了保证单稳触发器的正常工作，脉冲宽度（T_W）与触发脉冲 U_i 的周期 T 应满足什么关系？

（3）要构成线性良好的三角电压波，如何实现？请画出电路图。

2.16 时钟控制系统设计

一、实验目的

熟悉同步时序电路设计时钟控制器的方法。

二、设计任务

设计一个能放过一串可预定的完整无缺的时钟控制器，放过的脉冲数目可调。

三、实验原理

时针控制原理框图如图 2.16.1 所示。

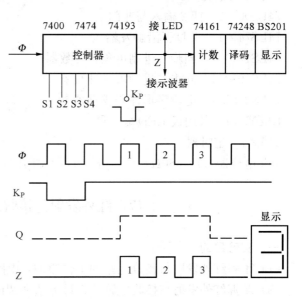

图中时钟 φ 为 1kHz/1Hz 脉冲源，S1～S4 为 0～1 开关。K_P 为单次脉冲，低电平有效。K_P 兼有清 0、预置及启动功能。时钟控制器输出 Z 平时处于低电平状态。为检测此电路的功能，即放过的脉冲数是否为预定值。一方面可将 Z 接 LED，观察 LED 闪烁的次数；另一方面可将 Z 接至十六进制计数、译码及显示的计数时钟端，以观察显示器的读数是否正确。若选用加法计数，可将预置数的反码打入预置端；若选用减法计数，则将预置数的原码打入预置端。

图 2.16.1 时钟控制原理框图

从图 2.16.1 可以看出，时钟控制器要放过的脉冲数，关键是要设计一个启/停电路，即产生一个门控信号，如图中虚线所示的 Q 波形。当启动 K_P 时，其负脉冲将系统复位，并对计数器进行预置；负脉冲结束后的下一个时钟 φ 的上升沿到来时，启/停电路开启，Q 由 0

→1，与此同时，计数器开始计数，当计数值与预置值相等时，启/停电路关闭，Q 由 1→0，与此同时，计数器停止计数，根据 Q 与 φ 的时间关系，通过简单的控制逻辑，即可实现预期的时钟控制的目的。

四、实验内容与步骤

（1）详细画出时钟控制器的原理电路图及主要波形图。

（2）组装电路及调试。

1）断开 Z 点与计数器 CP 端之连线。将 S4～S1 预置成某个数，然后按下 K_P（负极性脉冲），观察 Z 端输出的脉冲个数（用 LED 显示）是否正确，重新预置某个数，再进行观察。

2）将 Z 点与计数器 CP 端相连，观察 Z 输出的脉冲个数与显示器读数是否相符，如不符，请查明原因，直至相符为止。

3）上述实验都是在时钟 φ 为 1Hz 脉冲信号情况下进行的静态观测实验，它只能验证放过的脉冲数，但不能验证放过的脉冲是否完整无缺。为此应将 Z 点信号送到示波器作动态观测，同时将 φ 改为 1kHz 脉冲，此时在示波器上看到的只是一条水平线（为什么？请验证），现在请设计一个能动态观测 Z 点波形的实验电路，并进行验证。

五、实验报告要求

（1）说明所设计的时钟控制器的工作原理，画出完整的实验原理线路图及各主要观测点的波形。

（2）实验中的故障分析与排除。

（3）实验结果记录、分析。

六、参考器件

74LS00×2　四 2 输入与非门

74LS74×1　双 D 正沿触发器

74LS161×1　同步二进制可预置计数器

74LS193×1　同步二进制可逆计数器

74LS248×1　七段字形译码驱动器

BS202×1　共阴极 LED 显示器

555×1　定时器

56k 电位器×1，560Ω×1，1μF×1，0.01μF×1。

2.17　红外发射与接收报警电路设计

一、实验目的

（1）了解红外发射与接收电路的工作原理，电路组成。

（2）掌握红外发射与接收电路的设计方法和调试方法。

（3）培养综合应用电路的能力。

二、实验原理

1. 红外报警器的工作原理

本实验的任务是设计一个红外报警器。要求当有人进入挡光时应发出报警信号，无人挡光时报警器不工作，即不发声。根据要求，红外报警器应由两部分组成，即红外发射电路和红外接收电路。图2.17.1所示为红外信号发射电路框图。它由自激多谐振荡器、功率放大器、红外发光二极管组成。自激多谐振荡器产生几十kHz的不对称脉冲，此脉冲为红外光的调制脉冲，调制脉冲经功率放大后控制红外发光二极管发射红外光脉冲。红外接收电路如图2.17.2所示。此电路由红外光电管放大、整流、报警电路组成。把红外脉冲转换成电信号，即解调出调制脉冲，然后把此信号放大，整流变成直流信号，控制报警器不工作。当红外光脉冲被人遮挡时，则报警器工作发出报警声。

2. 参考电路

红外发射电路如图2.17.3所示，红外接收电路如图2.17.4所示。

三、预习要求

(1) 设计一个红外报警器，要求：

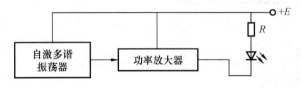

图2.17.1　红外信号发射电路框图

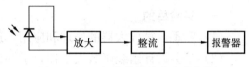

图2.17.2　红外信号接收电路框图

1) 设计一个红外发射器，调制频率为30kHz。

2) 设计一个红外接收器，当无人遮挡红外光时，报警器不发报警信号。当有人遮挡光时，报警器发声，报警信号频率为800Hz。

3) 控制距离2m以上。

(2) 主要器材：红外管SE303，PH302，F007，555，3DG101，3DG130，喇叭。

(3) 列出所需元器件清单及仪器。

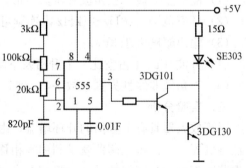

图2.17.3　红外发射电路

四、实验内容

(1) 在实验板上装好红外发射电路，检查无误后加电。调整振荡器频率在30kHz左右，并记下脉冲波形、幅度、频率。

(2) 在另一块实验板上装好红外接收电路，检查无误后加电，用信号源测量放大器的增益。

(3) 调整报警器的工作频率在800Hz左右。

(4) 观察有无红外信号时整流器输出的变化和报警器工作是否正常。

(5) 把发射电路逐渐离开接收电路，使报警器都能正常工作为止，测出两者间的距离。

五、实验报告要求

(1) 设计计算过程及电路图。

(2) 实验数据。

(3) 对实验结果进行分析讨论。

(4) 心得、体会。

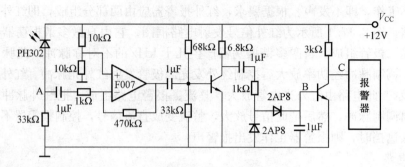

图 2.17.4　红外接收电路

2.18　方波、三角波发生器电路

一、实验目的

（1）熟悉运算放大器的原理和应用，选择合适的电路产生各种常用的函数波形。

（2）学会设计组装函数发生器，掌握调试方法。

二、技术指标

（1）能产生方波、三角波等函数波形。

（2）频率范围：10Hz～1kHz 内连续可调。

（3）输出幅度大于 $3V_{P-P}$。

（4）方波（1∶1占空比）上升沿及下降沿均小于 $1\mu s$。

（5）三角波非线性失真系数 $\gamma < 0.001$。

三、实验分析

运算放大器具有上万倍的开环增益，由运算放大器和反馈网络可以构成正弦波振荡器或方波振荡器。文氏桥振荡器就是利用零相移选频网络加上两级放大器构成的正弦波振荡器。其振荡频率由选频网络的元件电阻和电容决定。正弦波通过一级电压比较器可转换成方波。方波经积分电路可变成三角波，这样由三级运放加上反馈网络就可构成一个函数发生器，如果输出幅度不够，再加一级放大器即可。以上是函数发生器构成较为简单可行的电路方案。构成函数发生器的另一类方案是先利用两级运放构成方波—三角波振荡器，图 2.18.1 是方波、三角波发生器电路。

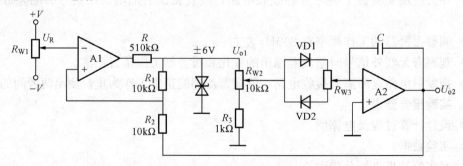

图 2.18.1　方波、三角波发生器电路

A1 为由迟滞比较器构成的方波振荡器，其反向输入端为基准电压 U_R（可调）；A2 为积分电路，其输出（U_{O2}）为三角波。改变 R_{W2} 可调节振荡频率，改变 R_{W3} 可调节方波占空比和锯齿波的斜率，改变 R_{W1} 可调节三角波的水平位置。

方波的上升沿、下降沿可用频带较宽的示波器测量，如 COS5020。测量三角波非线性系数应用非线性测量仪，因没有该仪器，只能用示波器粗测。

四、实验仪器

（1）电子技术学习机 1 台。

（2）双踪示波器 1 台。

（3）器件：运放 741，2 块；稳压管（6V）2 只；电位器 10kΩ，3 只，电阻电容若干。

2.19　篮球比赛计分显示系统设计

一、设计任务

本课题要求利用数字集成芯片设计一篮球比赛记分显示系统，并通过本系统设计达到以下目的。

（1）熟悉中规模集成触发器、可逆计数器和显示译码器使用方法。

（2）培养运用所学知识进行简单数字系统设计的能力和兴趣。

（3）了解简单数字系统的实验和调试方法，以及一般故障的排除方法。

二、设计指标

（1）要求本系统能实现分别加、减 1 分、2 分、3 分功能，并能减去加错的分。

（2）显示数值最大值可达 999 分，并具有复位功能。

（3）要求设计 24s 违例器，具有自动减时功能，并具有随时启、停功能。

三、设计原理

根据篮球比赛实际情况，有得 1 分、2 分和 3 分的情况，还有减分情况，电路要具有加、减分及显示功能，如图 2.19.1 所示。

用 2 片四位二进制加法计数器 74LS161 或 74LS160 分别组成进制、三进制计数器，控制加 2 分、3 分的计数脉冲。3 片十进制可逆计数器 74LS192 或 74LS191 组成加、减计数器用于总分累加，最多可计 999，通过译码驱动显示电路显示得分情况。

开始计分时，按一下复位按钮 S，使计数器 74LS192 和 74LS161 全部清零。以 2 分为例，当进一个 2 分球时，按一下 2 分按钮，使 LD＝0，计数器 74LS161（2）预置 1110，$Q_3Q_2Q_1Q_0$ 通过或门输出 1，使与门 2 打开，让加分计数脉冲通过，同时使 74LS161（2）的 PE 端为 1，并且经过非 2 输出 0，使 LD＝1，这时 74LS161（2）开始计数，计 2 个脉冲后，$Q_3Q_2Q_1Q_0$ 输出状态变为 0000，使或门输出 0，封与门 2，阻止第 3 以后的加分脉冲通过，同时使 74LS161 的 PE 端为 0，使计数器保持状态不变，并通过非门 2 输出 1，使与非门 2 打开，完成了计 2 分过程，等待下一次 2 分按钮按下，计 3 分同理，计 1 分更简单，但 1 分电路记分中抖动，有多计分情况，1 分电路最好采用基本 RS 电路实现。

四、设计内容与调试

（1）按图 2.19.1 设计并画出实际接线图。CP 可通过 555 集成芯片与选取合适电阻与电容设计多谐振荡电路产生 1～10Hz 脉冲，计数器 74LS192 的输出接译码驱动 74LS48 或

74LS248 并送数码管显示记分结果。记 3 分、2 分、1 分按钮通过选择合适电阻到地。

（2）按动按钮 S，使所有计数器清零，测试篮球比赛计分显示系统功能。

（3）TE 接高电平，74LS27 或非输出接 M 接 P，Q 接高电平，将计 2 分端从地撤掉后，等待一个 CP 重复周期后再接地（给其一个高电平），观察数码显示器变化，再重复上述做法两次，观察数码显示器是否能加 2 分。

（4）TE 接高电平，74LS27 或非输出 M 接 P，Q 接高电平，将计 3 分端从地撤掉后，等待一个 CP 重复周期后再接地（给其一个高电平），接观察数码显示器变化，再重复上述做法两次，观察数码显示器是否加 3 分。

（5）TE 接高电平，74LS27 输出 M 接 Q，P 接高电平，重做上述（1）、（2）项内容，观察 3 分、2 分的减分情况是否正常。

（6）设计 24 秒违例器，具有自动递减时功能，随时能停止、再启动功能。还应设计 1 秒时钟提供给计时器。

五、设计要求

（1）熟悉十六进制计数器 74L161 的功能使用方法，及组成任意进制计数器的方法。

（2）熟悉 10 进制可逆计数器 74LS192 的功能、使用方法及组成任意进制计数器的方法。

（3）掌握译码器、数码显示器的功能特点及使用方法。

（4）熟悉所用集成电路的功能、引脚排列和使用方法。

六、设计报告要求

（1）整理设计及实验数据且进行综合分析，说明电路各部分工作原理及篮球比赛计分显示系统功能。

（2）总结简单数字系统实验和调试方法。

（3）画出设计的原理电路及实际接线图。

（4）写出电路调试及功能测试报告，包括电路的功能、优缺点、测试中出现的问题、解决办法、电路改进意见、调试及功能测试的收获和体会。

七、设计选用芯片

74LS161 二片，74LS192 三片，74LS48 或 74LS248 三片，74LS08 一片，74LS00 一片，74LS32 一片，74LS27 片，共阴数码管三只，555 芯片，电阻 100kΩ 三只，电阻 510Ω 三只，电阻 333Ω 三只，开关三个。

2.20 数字秒表设计

一、设计任务

本课题要求设计一个数字秒表，用于短时间测量，适用于田径比赛等竞技场合计时使用。

二、设计技术指标

（1）计时范围：0～10min。

（2）精度：0.1s。

（3）误差：±0.05s。

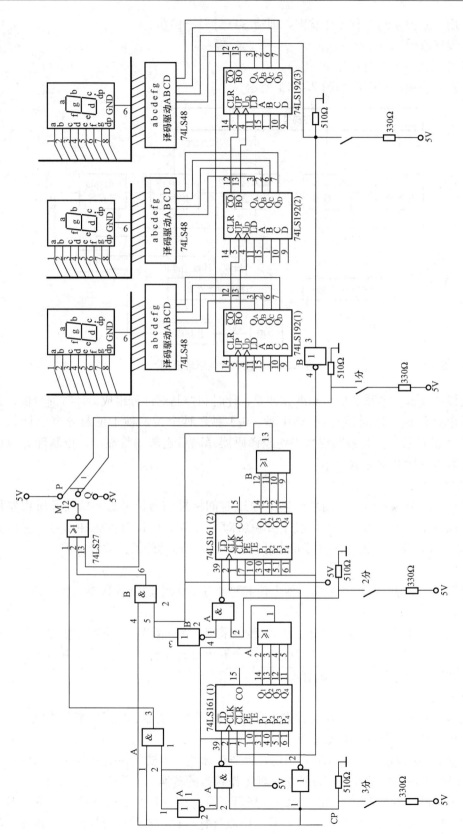

图 2.19.1　篮球记分显示系统原理图

（4）用一开关控制三种工作状态，即清零→计时→停止。

三、设计原理

1. 数字秒表系统原理

数字秒表系统原理框图如图 2.20.1 所示。

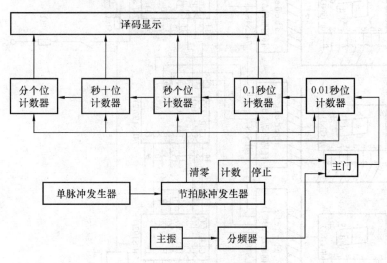

图 2.20.1　数字秒表原理框图

根据设计要求，本系统应由基准脉冲源、计时和控制三部分组成。计时部分由计数、译码及显示电路组成。计时器包括 0.01 秒、0.1 秒、秒个位、秒十位及分个位计数器，除 0.01 秒位不需显示外，其余四位数码均经译码器译码后送数码管显示。控制部分包括单脉冲发生器和节拍脉冲发生器。

2. 基准脉冲源

由主振器及分频器组成，用来产生 100Hz 时间标准信号。考虑到精度及所用器材的限制，选主振频率为 10kHz，再经两级十分频后即可得到 100Hz 基准脉冲信号。主振器采用 NE555 构成的多谐振荡器，分频器可采用 74LS90 或类似功能的计数器。

3. 计时部分

计数器选用五块 74LS90 组成。秒个位和秒十位为六十进制计数器，分个位、0.1 秒位为十进制计数器，均采用 8421BCD 码。

为了满足 ±0.05 秒的误差要求，0.01 秒位采用 5421 编码的十进制计数器，在计数停止时用 0.01 秒位的 Q_A 状态对 0.1 秒位进行四舍五入处理。译码部分可选用 74LS48（四片）来实现，并用四个 LED 共阴数码管显示。

4. 控制部分

数字秒表系统控制部分由单脉冲发生器、节拍脉冲发生器、主门等部分构成。

（1）单脉冲发生器原理图如图 2.20.2 所示。

由基本 RS 触发器构成单脉冲发生器，为节拍脉冲发生器提供时钟脉冲。每按动一次开关 S，Q 端产生一个单脉冲，用以控制三种工作状态的转换。

（2）节拍脉冲发生器之一如图 2.20.3 所示。可选用一片 74LS194 构成三位环形计数器来实现。74LS194 为四位双向移位寄存器，接成具有右移功能的环形计数器，环形计数器的状态转换图为 100→010→001，环形计数器的输出 $Q_A Q_B Q_C$ 分别作为清零信号、计时信号和停止信号。S_1 端外接的 R、C 是加电置数电路，也可选用一片十进制计数/脉冲分配器 CD4017 构成三位环形计数器来实现，如图 2.20.4 所示为节拍脉冲发生器之二。CD4017 的引脚图和波形图见附录 1、2。在 CP 信号作用下从 $Q_0 \sim Q_9$ 依次出现一个正脉冲。图 2.20.4 中 RC 为开机复位电路使 $Q_0 = 1$，其他 Q 端为 0，Q_0 可作为各计数器的清零信号。当来一个 C_P 时，$Q_1 = 1$，而其他 Q 端为 0，Q_1 可作为计时控制脉冲，再来一个 C_P，$Q_2 = 1$，作为停止计时脉冲，再来一个 C_P，$Q_3 = 1$，该信号经 D 引至复位端 R 使 $Q_0 = 1$，完成一个计时周期，图中 D 为隔离二极管，其作用是将开机时 R 端瞬时高电平与 Q_3 隔离。

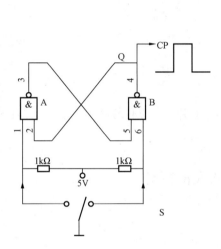

图 2.20.2 单脉冲发生器

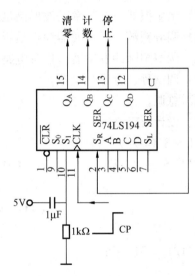

图 2.20.3 节拍脉冲发生器之一

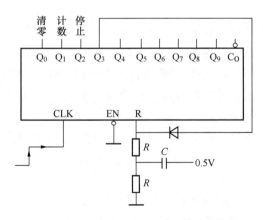

图 2.20.4 节拍脉冲发生器之二

5. 工作过程简述

以移位寄存器组成的节拍脉冲发生器为例，当接通电源时，加电置数电路使环形计数器置为 $Q_A Q_B Q_C = 100$，各计数器清零之后置数信号自动撤销，此时 $S_1 S_0 = 01$ 寄存器处于右移工作状态，且 $S_R = 0$。按动开关 S，环形计数器的 $Q_A^{n+1} Q_B^{n+1} Q_C^{n+1} = 010$，由于 $Q_B^{n+1} = 1$，打开主门，计数器开始计数，秒表开始计时，此时 $SR=0$，计时终了时，再按动一次开关 S，环形计数器为 $Q_A^{n+1}Q_B^{n+1}Q_C^{n+1}=001$，由于 $Q_C^{n+1}=1$，使 0.01 秒位计数器清零。由于 0.01 秒位计数器采用的是 5421 码连接，当该位计数≥5 时，其输出 $Q_AQ_BQ_CQ_D=1000\sim1100$，即 $Q_A=1$，清零后 Q_A 产生的负跳变送到 0.1 秒位的 CP 端，使之加 1；反之若 0.01 秒位所计之数小于 5，则 $Q_A=0$，清零后 $Q_A=0$，清零后 Q_A 无负跳变，0.1 秒位不加 1，从而实现了四舍五入，使计时误差达到±0.05s 的指标。此时高 4 位并未清零，所以计时数字经译码显示出来。此时由于 74LS194 的 $Q_AQ_BQ_C=001$，则 $SR=1$，为下次计时做好准备。

四、调试步骤

(1) 调主振器，使频率及波形满足要求。

(2) 调分频链，用示波器检查是否 100 分频。

(3) 调节拍脉冲发生器，检查电路逻辑功能。

(4) 调试秒、分计时电器。

(5) 总调。

五、设计给定 IC

74LS48（4 片）　　74LS90（7 片）　　74LS00（1 片）　　74LS32（1 片）　　74LS08（1 片）　　74LS194（1 片）　　NE555（1 片）

2.21　集成电路八人抢答器

2.21.1　设计任务

采用集成电路设计一八人抢答器。

2.21.2　设计要求与指标

(1) 抢答器同时供 8 名选手或 8 个代表队比赛，分别用 8 个按钮 S0～S7 表示。

(2) 设置一个系统清除和抢答控制开关 S，该开关由主持人控制。

(3) 抢答器具有锁存与显示功能。即选手按动按钮，锁存相应的编号，并在 LED 数码管上显示，同时扬声器发出报警声响提示。选手抢答实行优先锁存，优先抢答选手的编号一直保持到主持人将系统清除为止。

(4) 抢答器具有定时抢答功能，且一次抢答的时间由主持人设定（如 30s）。当主持人启动"开始"键后，定时器进行减计时，同时扬声器发出短暂的声响，声响持续的时间0.5s 左右。

(5) 参赛选手在设定的时间内进行抢答，抢答有效，定时器停止工作，显示器上显示选手的编号和抢答的时间，并保持到主持人将系统清除为止。

(6) 如果定时时间已到，无人抢答，本次抢答无效，系统报警并禁止抢答，定时显示器上显示 00。

2.21.3　预习要求

(1) 复习编码器、十进制加/减计数器的工作原理。

（2）设计可预置时间的定时电路。

（3）分析与设计时序控制电路。

（4）画出定时抢答器的整机逻辑电路图

2.21.4 设计原理与参考电路

1. 数字抢答器总体方框图

如图 2.21.1 所示为总体方框图。其工作原理：接通电源后，主持人将开关拨到"清除"状态，抢答器处于禁止状态，编号显示器灭灯，定时器显示设定时间；主持人将开关置"quot；开始"状态，宣布"开始"抢答器工作。定时器倒计时，扬声器给出声响提示。选手在定时时间内抢答时，抢答器完成：优先判断、编号锁存、编号显示、扬声器提示。当一轮抢答之后，定时器停止、禁止二次抢答、定时器显示剩余时间。如果再次抢答必须由主持人再次操作"清除"和"开始"状态开关。

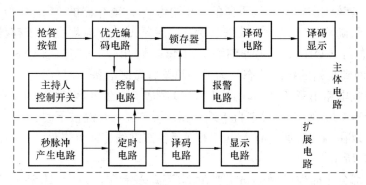

图 2.21.1 抢答器框图

2. 抢答器系统硬件组成框图

抢答器系统硬件框图如图 2.21.2 所示。

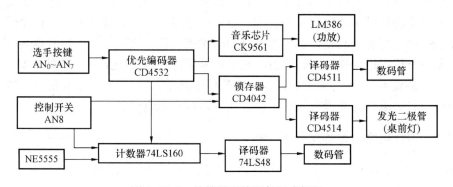

图 2.21.2 抢答器系统硬件组成框图

3. 抢答器主体电路设计

抢答器的主体主要由 CD4532 八输入优先权编码器、CD4042 四 D 锁存器、CD4511 七段译码驱动器、CD4514 4 线—16 线译码器组成。CD4532 优先编码器的功能作用是将八路按键的输入转化成三位二进制编码，同时由 GS 端指示编码的有效性。没有键按下时 GS 为低电平、输出无效的 000；反之，GS 高电平、此时的代码有效，如果为 000 则是 0 号键的代码。之所以采用优先权编码器，是考虑如果有多个键真正的同时按下（时间上的差别微小到电路无法区分）时稳定输出这几个键中优先权最高的键的代码。电路的关键之处是对四锁存器的巧妙利用，其 CP 端与 $\overline{Q_0}$ 相连。由其功能表可知，无任何键按下时，编码器的 GS 端为 0，故的锁存器的 CP 端为 1，译码器的 BI 端为 0，译码器的 INH 端为 1，由于锁存器的 M 模式控制端为 1，故其各锁存器的输出跟随对应输入的变化，$Q_1 \sim Q_3$ 为无效的 000，锁存器处于一个稳态；此时，CD4511 译码器处于消隐状态，数码管无任何显示，而 CD4514 处于输出禁止状态，指示灯也全灭。

当 $AN_0 \sim AN_7$ 中有任何一个键按下时，编码器输出有效数据的同时其 GS 端变为 1，该组数据（包括 GS）到达锁存器输出端时 CP 端获得下降沿，数据被锁存的同时禁止了后续输入，也就是说抢先选手的编号被锁存的同时屏蔽了后续选手的动作；此时两个译码器正常工作，数码管显示抢先选手的编号，该选手面前的灯也点亮了。当主持人按下 AN_8 时（此时，$AN_0 \sim AN_7$ 应该无键按下，编码器的 GS 端为 0），锁存器的 M 端变为 0，由功能表知锁存器先是处于跟随状态，其 CP 端恢复为 1，后是 CP 的正跳变使锁存器转为锁存状态（即无效数据状态），CD4511 译码器消隐，CD4514 输出禁止。然后 AN8 松开，M 端恢复为 1，锁存器又回到初始的跟随状态，为下一轮抢答做好准备。

电路中的音响电路由音乐 IC 和功放 LM386 组成。音乐 IC 可选用 CK9561，根据具体情况选取声音。音乐 CI 的触发信号来自于编码器的 GS 端，有键按下时，GS 为 1 即可触发音乐发音，所以可以在调试时通过有无声音来判断各按键的连接可靠性。抢答器主体电路原理框图如图 2.21.3 所示。

抢答器扩展部分定时器控制电路主要由 NE555 多谐振荡器、74LS160 计数器、74LS48 译码器、74LS00 与非门构成。抢答器扩展部分—定时器电路原理图如图 2.21.4 所示。

4. 安装及调试

通过设定仿真器的属性，即通过 Protues 仿真软件选定仿真，也可选定 Multisim 仿真软件实现硬件的仿真。对应主体电路和扩展电路两方面在硬件电路实现，通过仿真软件的全速执行，来观察硬件电路的反应是否正常。通过反复多次调试，通过单步执行操作，观察软件中单条程序的运行是否与硬件各控制信号的动作相一致。调试过程中，发现某一步操作结果不对，便分析原因进行修改，直到整个系统正常运行。显示电路仿真如图 2.21.5（图为 2 号选手抢答结果显示）；抢答器扩展部分—定时器电路仿真图如图 2.21.6 所示。然后进行硬件安装调试，只要电路安装没有错误，便能成功运行实际电路。

2.21.5　设计电路给定的元器件

CD4532、CD4042、CD4511、74LS160、74LS48、NE555、74LS00、74LS04、排阻、电阻、开关、数码管、LM386 等。

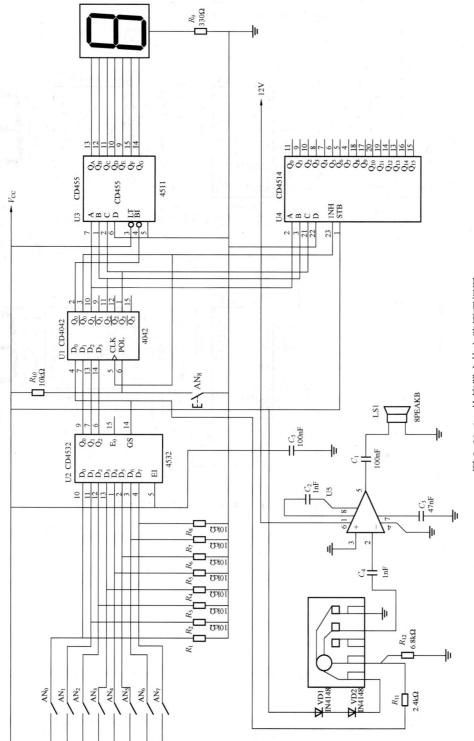

图 2.21.3 抢答器主体电路原理框图

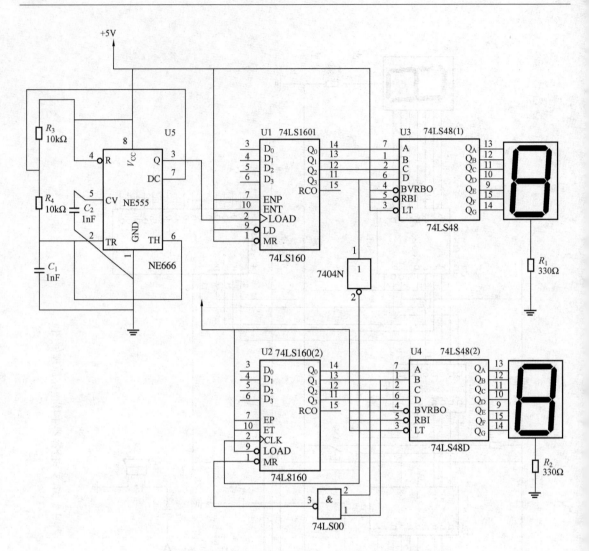

图 2.21.4 抢答器扩展部分—定时器电路原理图

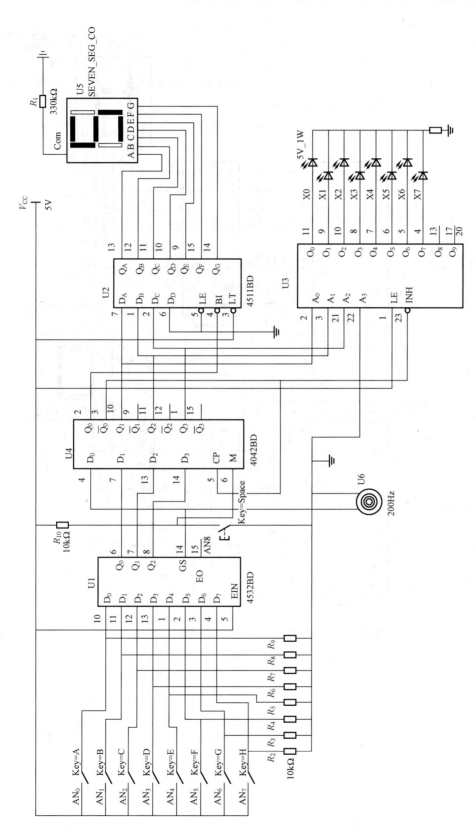

图 2.21.5 抢答器主体电路仿真图

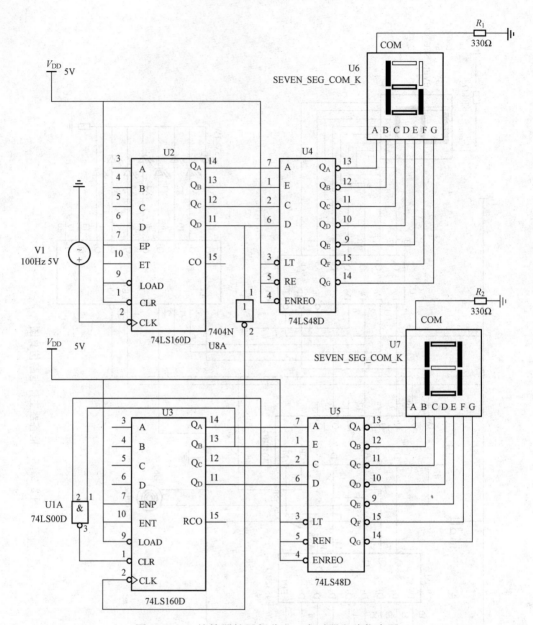

图 2.21.6 抢答器扩展部分——定时器电路仿真图

第 3 章　Protues 软件在电子技术实验中的应用

3.1　Protues 软件简介

Protues 软件是由英国 Labcente Electronics 公司开发的 EDA 工具软件，已有近 20 年的历史，在全球得到了广泛应用。Protues 软件的功能强大，它集电路设计、制版及仿真等多种功能于一身，不仅能够对电工、电子技术学科涉及的电路进行设计与分析，还能够对微处理器进行设计和仿真，并且功能齐全，界面多彩，是近年来备受电子设计爱好者青睐的一款新型电子线路设计与仿真软件。

Protues 软件和我们手头的其他电路设计仿真软件最大的不同即它的功能不是单一的。它强大的元件库可以和任何电路设计软件相媲美；它的电路仿真功能可以和 Multisim 相媲美，且独特的单片机仿真功能是 Multisim 及其他任何仿真软件都不具备的；它的 PCB 电路制版功能可以和 Protel 相媲美。它的功能不但强大，而且每种功能都毫不逊于 Protel，是广大电子设计爱好者难得的一个工具软件。

ProtuesISIS 是英国 Labcenter 公司开发的电路分析与实物仿真软件。它运行于 Windows 操作系统上，可以仿真、分析（SPICE）各种模拟器件和集成电路，该软件的特点如下。

（1）实现了单片机仿真和 SPICE 电路仿真结合。具有模拟电路仿真、数字电路仿真、单片机及其外围电路组成的系统的仿真、RS232 动态仿真、I2C 调试器、SPI 调试器、键盘和 LCD 系统仿真的功能；有各种虚拟仪器，如示波器、逻辑分析仪、信号发生器等。

（2）支持主流单片机系统的仿真。目前支持的单片机类型有 6800 系列、8051 系列、AVR 系列、PIC12 系列、PIC16 系列、PIC18 系列、Z80 系列、HC11 系列以及各种外围芯片。

（3）提供软件调试功能。在硬件仿真系统中具有全速、单步、设置断点等调试功能，同时可以观察各个变量、寄存器等的当前状态，因此在该软件仿真系统中，也必须具有这些功能，同时支持第三方的软件编译和调试环境。

在编译方面，它也支持 IAR、Keil 和 MPLAB 等多种编译。

3.2　Protues 软件的使用方法

在这里，用 Protues 版本的 Protues 6.7 sp3 Professional 介绍使用方法。

3.2.1　Protues 6 Professional 界面简介

安装完 Protues 后，运行 ISIS 6 Professional，会出现如图 3.2.1 所示的窗口界面。

为了方便介绍，分别对窗口内各部分进行中文说明，下面简单介绍各部分的功能。

（1）原理图编辑窗口（The Editing Window）。顾名思义，它是用来绘制原理图的。蓝色方框内为可编辑区，元件要放到它里面。注意，这个窗口是没有滚动条的，你可用预览窗

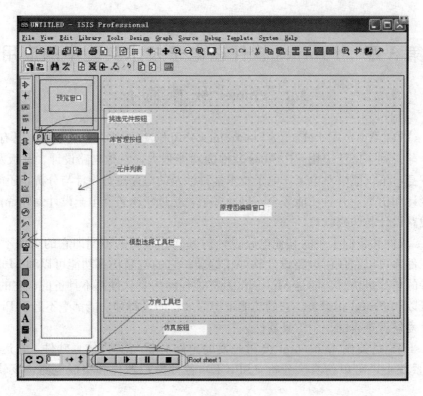

图 3.2.1　ISIS 6 Professional 界面

口来改变原理图的可视范围。

（2）预览窗口（The Overview Window）。它可显示两个内容，一个是：当在元件列表中选择一个元件时，它会显示该元件的预览图；另一个是，当鼠标焦点落在原理图编辑窗口时（即放置元件到原理图编辑窗口后或在原理图编辑窗口中点击鼠标后），它会显示整张原理图的缩略图，并会显示一个绿色的方框，绿色的方框里面的内容就是当前原理图窗口中显示的内容，因此，可用鼠标在它上面点击来改变绿色的方框的位置，从而改变原理图的可视范围。预览窗口如图 3.2.2 所示。

（3）模型选择工具栏（Mode Selector Toolbar）。

主要模型（Main Modes）：

1）选择元件（components）（默认选择的）。

2）放置连接点。

3）放置标签（用总线时会用到）。

4）放置文本。

5）用于绘制总线。

6）用于放置子电路。

7）用于即时编辑元件参数（先单击该图标再单击要修改的元件）。

配件（Gadgets）：

1）终端接口（terminals）：有 VCC、地、输出、输入等接口。

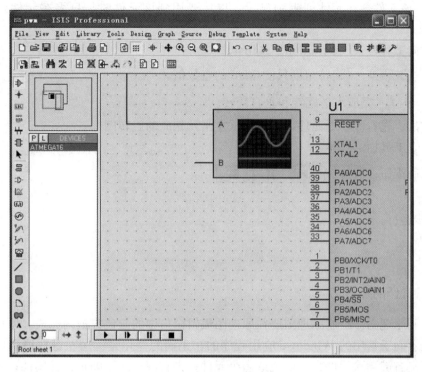

图 3.2.2　预览窗口

2）器件引脚：用于绘制各种引脚。

3）仿真图表（graph）：用于各种分析，如 Noise Analysis。

4）录音机。

5）信号发生器（generators）。

6）电压探针：使用仿真图表时要用到。

7）电流探针：使用仿真图表时要用到。

8）虚拟仪表：有示波器等。

2D 图形（2D Graphics）：

1）画各种直线。

2）画各种方框。

3）画各种圆。

4）画各种圆弧。

5）画各种多边形。

6）画各种文本。

7）画符号。

8）画原点等。

（4）元件列表（The Object Selector）。它用于挑选元件（components）、终端接口（terminals）、信号发生器（generators）、仿真图表（graph）等。举例，当选择"元件（components）"，单击"P"按钮会打开挑选元件对话框，选择了一个元件后（单击了

"OK"后），该元件会在元件列表中显示，以后要用到该元件时，只需在元件列表中选择即可。

（5）方向工具栏（Orientation Toolbar）。

旋转：　**C ⊃ ⁰**　旋转角度只能是 90 的整数倍。

翻转：　**↔ ↕**　完成水平翻转和垂直翻转。

使用方法：先右键单击元件，再点击（左击）相应的旋转图标。

（6）仿真工具栏。

仿真控制按钮：　**▶ ▮▶ ▮▮ ▮**

1）运行。

2）单步运行。

3）暂停。

4）停止。

3.2.2　操作简介

（1）绘制原理图。绘制原理图要在原理图编辑窗口中的蓝色方框内完成。原理图编辑窗口的操作是不同于常用的 Windows 应用程序的，正确的操作是：用左键放置元件；右键选择元件；双击右键删除元件；右键拖选多个元件；先右键后左键编辑元件属性；先右键后左键拖动元件；连线用左键，删除用右键；改连接线：先右击连线，再左键拖动；中键放缩原理图。具体操作见下面例子。

（2）定制自己的元件：有三个实现途径，一是用 PROTUES VSM SDK 开发仿真模型，并制作元件；另一个是在已有的元件基础上进行改造，比如把元件改为 bus 接口的；还有一个是利用已制作好（别人的）的元件，可以到网上下载一些新元件并把它们添加到自己的元件库里面。这里只介绍后两个。

（3）Sub-Circuits 应用。用一个子电路可以把部分电路封装起来，这样可以节省原理图窗口的空间。

3.3　Protues 软件的使用实例

在这里选用功能强的 Protues 7 Professional 版本介绍一实例。

在 Windows 操作系统"开始"菜单的"程序"中找到名为"Protues 7 Professional"的文件夹，单击文件夹中的"　**ISIS 7 Professional**　"即可启动 Protues，出现如图 3.3.1 所示的界面。

单击菜单栏的"File"→"Open Design"命令（或单击图标命令📁），在 Protues 的安装目录下打开"SAMPLES"文件夹，如图 3.3.2 所示。在"SAMPLES"文件夹中打开"VSM for 8051"→"8051 LCD Driver"文件夹，其中有单片机控制液晶屏的演示实例，如图 3.3.3 所示。这个实例文件夹中只有一个文件"LCDDEMO"，如图 3.3.4 所示。双击该文件就会在 Protues 中打开这个演示实例，如图 3.3.5 所示。

在图 3.3.1～图 3.3.3 中的电路绘制图中，左上角有一个实例说明，告诉实例的信息。

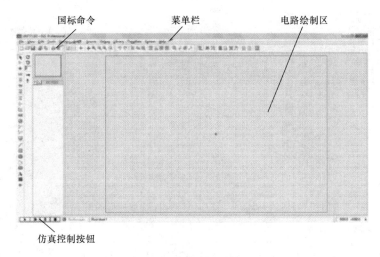

图 3.3.1 Protues 软件界面

图 3.3.2 打开 Protues 实例 "SAMPLE" 文件夹

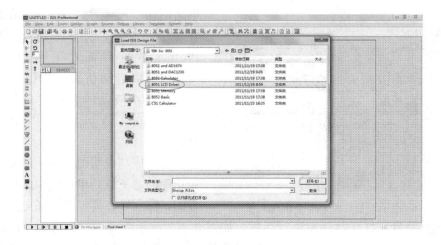

图 3.3.3 打开 "8051 LCD Driver" 文件夹

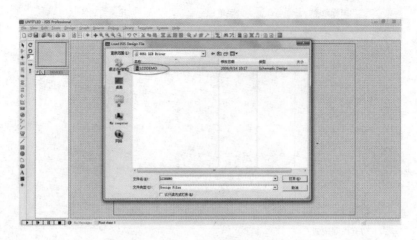

图 3.3.4　选择"LCDDEMO"演示实例

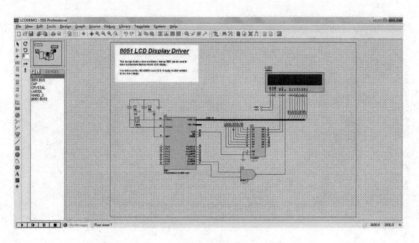

图 3.3.5　打开的单片机控制液晶屏实例

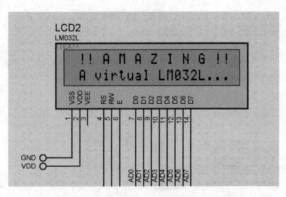

图 3.3.6　仿真开始时液晶屏上出现文字

电路图中"▇▇▇▇▇"是一个液晶屏，它在单片机的控制下显示信息。单击 Protues 软件界面左下角的仿真开关"▶"以启动仿真。几秒钟后仿真开始，就会在液晶屏上看到文字信息"!! AMAZING!! A virtual…"，如图 3.3.6 所示。

仿真成功说明图 3.1.7 的系统电路图是正确的，下载到单片机中的程序也是正常的。那程序在哪里呢？在电路图中双击单片机的电路符号，打开器件编辑对话框，如图 3.3.7 所示。其中"Program File："中的"LCDDEMO. HEX"就是为这个单片机控制液晶屏系统设计的程序文件。由于这是一个演示实例，所以事先加载好了。今后在 Protues 仿真时在电路连接完成后，需要手动向单片机添加类似的程序文件。

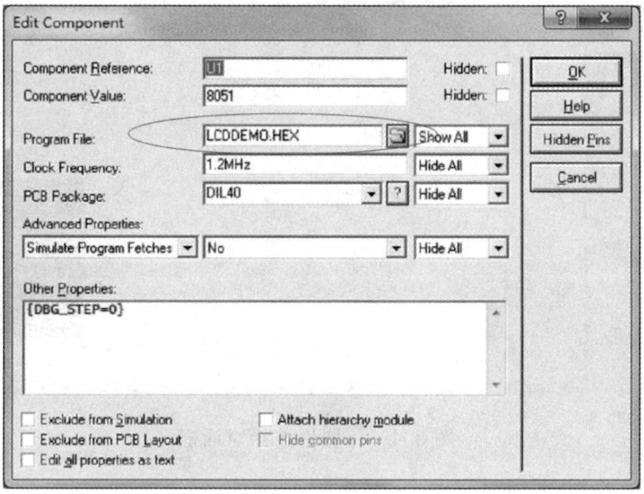

图 3.3.7　打开器件编辑对话框

3.4　用 Protues 搭建单片机系统

实践一个单片机系统的仿真，以一个发光二极管闪烁为例学习仿真过程。

第一步，新建设计。单击"File"→"New Design…"命令（或单击图标命令　），在 Protues 中打开了一个空白的新电路图纸。

第二步，添加所需器件。单击"Library"→"Pick Device/Symbol…"命令（或单击图标命令　），打开器件选择对话框，如图 3.4.1 所示，在对话框左上角有个关键字"Keyword"搜索文字框，如果知道器件型号可输入其中，Protues 将自动帮助找到所需器件。首先，输入"AT89C51"，如图 3.4.2 所示，在右侧的结果列表中选择第一个器件"AT89C51"，并单击"OK"按钮。

第三步，放置器件。在电路绘制区中央单击鼠标，AT89C51 单片机就被放置到了电路图中，如图 3.4.3 所示。参考单片机的放置方法把其他器件如晶振、电容、电阻、发光二极管等也放置到电路图中的适当位置。这几个器件在器件选择对话框中的关键词分别为 crystal、22p、electrolytic、0.6w resistor、led（关键字不唯一），如图 3.4.4 和图 3.4.5 所示。所有元器件都放置到电路图后的效果如图 3.4.6～图 3.4.9 所示。

第四步，放置电源。单击端口图标"　"，如图 3.4.10 所示，在端口窗口出现一个列表，其中"POWER"为正电源端口，"GROUND"为接地端口。分别单击后添加到电路图中，由于 Protues 已经为单片机供电了，所以不需要在仿真中再连接供电段。

第五步，移动、旋转、删除器件。放置到电路图中的器件和电源比较凌乱，需要通过移动、旋转来美化布局。用鼠标左键选中想要移动的器件或对象，器件或对象变成红色说明被选中，然后按住鼠标左键拖动目标即可。在电路图空白区域单击左键可取消选择。想要旋转目标先左键选中，再单击旋转图标"　"，在弹出的对话框中输入要旋转的角度，确定后目标即被

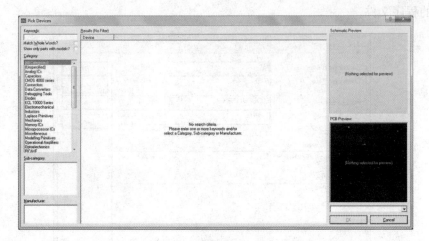

图 3.4.1　器件选择对话框

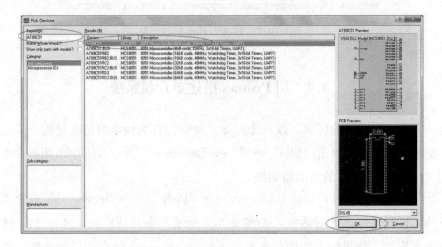

图 3.4.2　添加 AT89C51 单片机

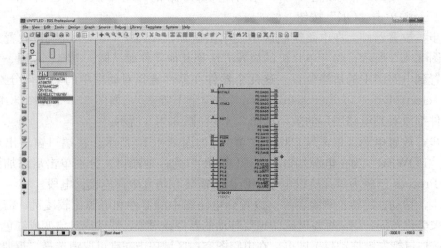

图 3.4.3　放置器件

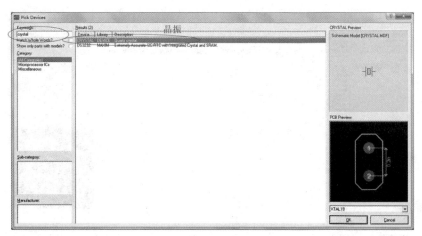

图 3.4.4 晶振 Y1 的选择与添加

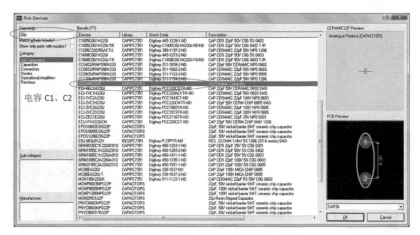

图 3.4.5 电容 C1、C2 的选择及添加

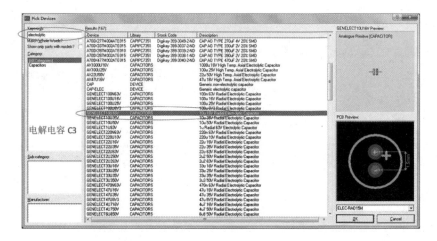

图 3.4.6 电解电容 C3 的选择及添加

旋转。也可以在目标上单击鼠标右键，从弹出的对话框中选择 "⟳ Rotate Clockwise"（顺时

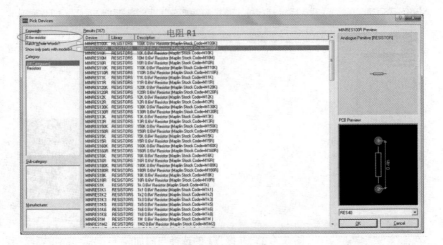

图 3.4.7 电阻 R1 的选择及添加

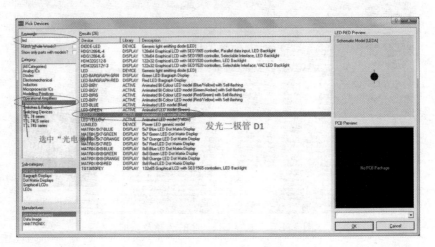

图 3.4.8 发光二极管的选择及添加

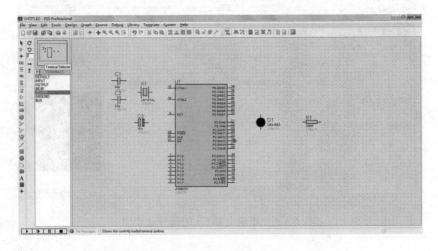

图 3.4.9 所有器件放置完毕

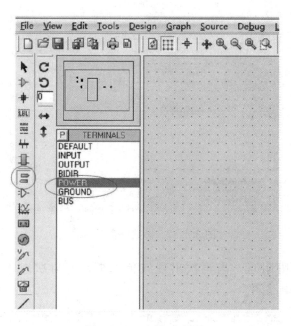

图 3.4.10　添加电源端

针旋转 $90°$)、"⟳ Rotate Anti-Clockwise"（逆时针旋转 $90°$)、"⟳ Rotate 180 degrees"
（旋转 $180°$）进行相应的旋转。如果想删除电路中的器件，可以在选中目标的基础上按下键盘上的"Delete"按键或在右键快捷菜单中选择"✗ Delete Object"实现。通过调整之后，得到器件的合理布局，如图 3.4.11 所示。

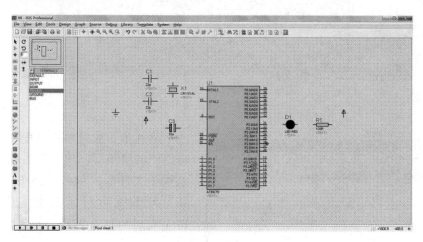

图 3.4.11　调整之后的电路图

　　第六步，修改参数。有些器件或电源端需要对参数进行修改，比如晶振的频率等。方法是先双击目标，弹出参数编辑对话框，如图 3.4.12 所示。把其中的频率"Frequency:"修改为 12MHz，单击"OK"按钮完成设置。

　　第七步，连接导线。完成器件放置和编辑后，根据电路图连接导线。方法是把鼠标移到器件或电源端的管脚附近，当管脚出现红色方框后，单击左键则导线生成，移动鼠标到另一

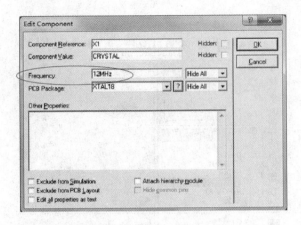

图 3.4.12　参数编辑对话框

个器件或电源端的管脚附近，当再次出现红色方框后，再次点击左键就完成连接。图
3.4.13 为连接完成的电路图。

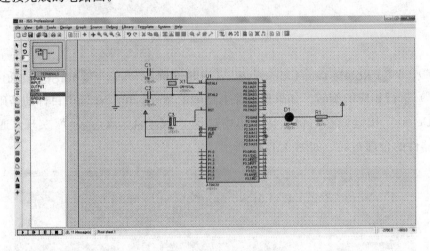

图 3.4.13　连接导线

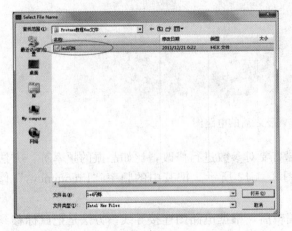

图 3.4.14　加载程序文件

第八步，加载单片机程序文件。完成
电路图的绘制后，单片机系统的仿真就只
差程序文件了。双击电路图中的单片机，
在打开的编辑对话框中单击"Program
File："后的打开图标"　"，加载对应
的程序文件，如图 3.4.14 所示，双击
"led 闪烁 .hex"，则程序加载到仿真电
路中。

第九步，仿真。单击 Protues 软件左
下角的仿真开关"　▶　"，仿真启动。
几秒后，仿真开始，会看到 led 以约

500ms 为间隔闪烁。

　　这样就通过一个单片机控制 led 闪烁发光的实例，演示了 Protues 的使用方法和仿真功能。

　　下面是 led 闪烁发光源程序

```
# include<reg51. h>                //头文件
# define uint unsigned int        //宏定义
# define uchar unsigned char
sbit led = P2^0;                   //声明单片机 P2 口的第一位
void delay(uint);                  //声明延时函数
void main()                        //主函数
{
  while(1)                         //大循环
  {
    led = 0;                       //点亮 led
    delay(500);                    //延时 500ms
    led = 1;                       //关闭 led
    delay(500);                    //延时 500ms
  }
}
void delay(uint xms)               //延时函数
{
  uint i,j;
  for(i = xms;i>0;i－－)
    for(j = 110;j>0;j－－);
}
```

第4章 实验电路的安装与调试

在电子电路实验中，通常要将所选元器件按电路工作原理装成一个整体实验电路。或先分装成多个子系统电路，再通过一定的调试手段来发现问题，分析和排除故障，并验证电路的工作原理，必要时修改原先的设计，以完善电路的功能，满足预定的设计要求。有时还需最后装成一个实用的电子设备。可见，安装与调试是从电路设计到实用电子设备的必经阶段，是实验中重要的实践环节。

本章将重点讨论电子实验电路安装与调试的一般方法，以检测电子电路故障的实用技巧，同时还对实用电子装置的布线原则作以介绍。这些内容，初看起来并无多深的理论，但却是电子工程技术人员在工作中经常遇到的实际问题，对初学者来说甚为重要。

4.1 实验电路的安装

4.1.1 实验电路的布线

实验电路通常采用双列直插式器件，在通常接插式底板（面板）上用接插的方法进行实验。在面包板上安装实验电路，实际是个布线问题。实践证明，实验故障绝大部分是由布线错误产生的。元器件合理的布局，导线整齐而清晰的排列，接点良好而可靠的接触，完全有可能使设计正确的电路一次调试成功。

一、合理布局

在面包板上合理布局元器件是十分重要的，尤其在电路较多时。一般要考虑以下几点。

（1）按信号流向，自输入级到输出级，从左至右或从上至下布置电路。一般将显示器件及驱动电路置于上方，将操作元件如开关等置于下方。

（2）接线尽可能短，彼此连线多的器件尽量相邻安置。

（3）尽量避免输出级对输入级的反馈。

（4）振荡器布置于电路一角，避免与其他信号尤其是弱信号的相互干扰。

二、插置元器件

在面包板上插入双列直插式集成电路时，要认清方向，切勿倒插。要使集成电路的每个引脚对准插孔，用力要轻而均匀，要防止个别引脚弯曲而造成故障隐患。常用集成电路的引脚排列顺序见附录2、3。大多数数字集成电路的左上脚接电源，右下脚接地。实际使用时，应查看手册规定。

拔下集成电路时，应用专用U形夹或用小螺丝刀对起片子的两头，不要用手去拔，以避免损坏引脚。

插入标有极性或方向的元件时，应注意不要插反，如电解电容、晶体二极管、晶体三极管、发光二极管等。

三、布线技巧

1. 导线准备

布线用的导线一般用 $\phi 0.5$ 或 $\phi 0.6mm$ 的单股硬线，过细的导线将造成接触不良，而过粗的导线将损坏多孔接插板。最好用色线区别不同用途，一般电源用红线，地线用黑线，导线截取长度要适当，剥离绝缘皮的引线头长度以 5mm 左右为宜，不应有刀痕或弯曲。

2. 布线顺序

布线时应先设置电源线和地线，再处理固定不变的输入端（如空头、异步置 0、置 1 端，预置端等），最后按信号流向依次连接控制线和输出线。

3. 布线要求

布线要求整齐、清晰、可靠，以便于查找故障和更换器件。布线时，导线要贴近底板的表面，在片子周围走线，尽量不要覆盖不用的插孔，切忌将导线跨越片子上空或交错连接。最好用小镊子将导线插入底板，深度要适宜，保证接触可靠。

4. 布线检查

布线检查最好在布线过程中分阶段进行，如布好电源线和地线后即行检查，以便及时发现和排除故障。查线时应用三用表直接测量引脚之间通与不通，而不要简单地用目测的方法，以便准确而迅速地发现漏接、错接，尤其是接触不良的故障。

必须说明，除了在多孔插板上安装实验电路外，还可以在通用印制板上焊接实验电路（市场上有多种规格的通用印制板出售）。多孔插板和通用印制板相比较，各自的优缺点显而易见。前者可多次使用，无须焊接，但易产生接触不良的故障。后者需要焊接，触点可靠，但一次使用，成本高。

4.1.2　实验电路的工程布线

为了完成实际的电子设备，必须将实验电路制成印制板电路，对于高速数字系统，甚至难以在逻辑箱上进行模拟实验，而必须首先设计印制电路板。有时往往会遇到这样的情况，逻辑电路的设计是正确的，模拟实验也没问题，但在实际工程应用中却会出现错误，其主要原因是抗干扰性能差，电路设计人员在选择集成电路时，必须充分考虑元器件的抗干扰能力，并在布线时遵循以下原则，以尽可能减少由布线不慎而产生的干扰源。

1. 合理布置地线

地线就是电路的公共参考点，地线的合理布置是十分重要的，直接影响到电路的工作性能，尤其在既有模拟信号又有数字信号、既有强信号又有弱信号的电路中，地线的布置是一个相当复杂的技术问题，在很多情况下，要进行实验才能确定正确合理的接地点。这个问题在小型实验中倒是不甚突出的。

布置地线的一般依循原则如下。

（1）一点接地。在模拟信号和数字信号兼有的电路中，应将模拟地和数字地分别连在一起，然后再将这两个公共点在电路的某一点就近相连。图 4.1.1（a）是正确接法，图 4.1.1（b）是不正确接法。

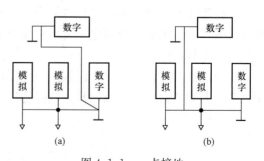

图 4.1.1　一点接地
（a）正确接法；（b）不正确接法

在强信号和弱信号兼有的电路中，输入信号的地线应与输入级的地线直接相连，而不要接在输出级的地端。

（2）外缘布线。地线要布置在印制板的最外缘，且尽可能加粗，可起一定的屏蔽作用。如系统工作频率较高，最好用金属裸线来包围电路板，可有效防止干扰信号。

直流电源线布置在地线的内侧，比地线要细，而宽于电路引线。

（3）弱信号（如采样/保持器的输入信号）的地线面积可大些，或可采用地线包围输入信号的方法。

2. 去耦

在电源进入底板的入口处，每根电源线都要接旁路电容去耦，电容容量为 $10\sim100\mu F$，最好再并用一只 $0.01\mu F$ 的电容，以旁路电源中的高次谐波。每一排集成电路都要加旁路电容，最好每满 $6\sim12$ 片增加一只电容。电容与集成电路电源引脚的距离尽可能近。

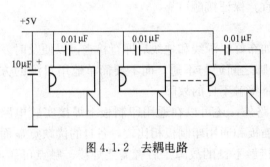

图 4.1.2　去耦电路

对于高速电路，最好在每片电源引脚都加高频去耦，如图 4.1.2 所示。

3. 注意事项

引线尽量短，并尽可能避免输出对输入的反馈。

在高速系统中，缩短引线就是缩短信号的传输时间。20cm 长的导线将使脉冲信号产生 1ns 的边沿失真。

时钟信号线不要与其他信号线并行紧靠走线。长线信号线不要同时送至几个门的输入端，必要时可增加驱动门。

4.1.3　焊接工艺

焊接电子元件一般选用 20W 内热式烙铁，焊 MOS 电路时，烙铁外壳要良好接地，使用烙铁时，要防止"烧死"。对新烙铁，要将烙铁头锉成细长斜面或楔形，通电加热后，先上一层松香，再挂锡；长时间烧用的烙铁，最好采取调温措施，不焊时将电源电压降低。焊接电子元件，不要用酸性助焊剂，如焊油等，最好选用带焊剂的焊锡，也可采用松香液（松香加酒精）作中性助焊剂，以免腐蚀电子元件。

焊接质量最重要的是不能有虚焊，必须在焊接前将引线头刮去氧化层，掌握适当的焊接温度和时间，在焊接时不要晃动元件。焊接后，要检查一下元件有无松动。

焊接集成电路插座时，要注意插座的方向，与集成电路的方向一致，检查好所有的引脚都已正确插入后再焊。焊接电子元件要注意电解电容的极性，晶体二极管的方向和晶体三极管的管脚不要接错。

值得注意的是，在焊接印制板上的元器件以前，最好先检查金属化孔是否相通，印制板引线有无断裂或碰线，应及时排除故障隐患。否则，焊上元器件后，再来查找这些故障会是十分困难的。

4.2　电路调试技术

电路调试要求掌握常用仪器设备的使用方法和一般的实验测试技能，如果需要可以参看第 6 章，学习常用仪器的使用方法。调试中，要求理论和实际相结合，既要掌握书本知识，又要有科学的实验方法，才能顺利地进行调试工作。本节只就一般调试步骤和方法做些介绍。

4.2.1　实验电路一般调试方法

实验电路安装完毕后，一般按以下步骤进行调试。

1. 检查电路

对照电路图检查电路元器件是否连接正确，器件引脚、二极管方向、电容极性、电源线、地线是否接对；连接或焊接是否牢固；电源电压的数值和方向是否符合设计要求等。

2. 按功能块分别调试

任何复杂的电子装置都是由简单的单元电路组成，把每一部分单元电路调试得能正常工作，才可能使它们连接成整机后有正常工作的基础。所以先分块调试电路既容易排除故障，又可以逐步扩大调试范围，实现整机调试。分块调试可以装好一部分就调试一部分，也可以整机装好后，再分块调试。

3. 先静态调试，后动态调试

调试电路不宜一次加电源同时又加信号进行电路实验。由于电路安装完毕之后，未知因素太多，如接线是否正确无误，元件、器件是否完好无损，参数是否合适，分布参数影响如何等，都需从最简单的工作状态开始观察、测试。所以，一般是先加电源不加信号进行调试即静态调试，工作状态正确后再加信号进行动态调试。

4. 整机联调

每一部分单元电路或功能块工作正常后，再联机进行整机调试。调试重点应放在关键单元电路或采用新电路、新技术的部位。调试顺序可以按信息传递的方向或路径，一级一级地测试，逐步完成全电路的调试工作。

5. 指标测试

电路能正常工作后，立即进行技术指标的测试工作。根据设计要求，逐个检测指标完成情况。未能达到指标要求，需分析原因找出改进电路的措施，有时需要用实验凑试的办法，来达到指标要求。

4.2.2　数字电路调试中的特殊问题

数字电路中的信号多数是逻辑关系，集成电路的功能一般比较定型，通常在调试步骤和方法上有其特殊规律，例如：

（1）首先需调整好定时电路，以便为数字系统提供标准的时钟脉冲和各种定时信号，它包括脉冲振荡器、脉冲变换电路，如单稳态触发器、施密特触发器等。

（2）然后调整控制电路部分，控制电路产生数字系统所需的各种控制信号，使电路能正常、有序地工作，包括顺序脉冲分配器、分频器等。

（3）调整信号处理电路，如寄存器、计数器、选择电路、编码和译码电路等。这些部分都能正常工作之后，再相互连接检查电路的逻辑功能。

（4）调整模拟电路，用来放大模拟信号，或进行模数信号间的转换，如运算放大器，比较器，A/D、D/A 转换器等。

（5）调整接口电路、驱动电路、输出电路以及各种执行元件或机构，保证实现正常的功能。

（6）系统连调。数字电路集成器件管脚密集，连线较多，各单元之间时序关系严格，出现故障后不易查找原因。因此，调试中应注意以下问题：

1）注意元件类型，如果有 TTL 电路，又有 CMOS 电路，还有分立元件，注意检查电源电压是否合适，电平转换及带负载能力是否符合要求。

2）注意时序电路的初始状态，检查能否自启动。各集成电路辅助管脚、多余引脚是否处理得当等。

3）注意检查容易出现故障的环节，掌握排除故障的方法。出现故障时，可从简单部分逐级查找，逐步缩小故障点的范围；也可以从某些预知点的特性进行静态或动态测试，判断故障部位。

4）注意各部分的时序关系。对各单元电路的输入和输出波形的时间关系要十分熟悉。应对照时序图，检查各点波形，弄清哪些是上升沿触发，哪些是下降沿触发，以及它和时钟信号的关系。

4.2.3　模拟电路调试需注意的问题

1. 静态调试
模拟电路加上电源电压后，器件的工作状态是电路能否正常工作的基础。所以调试时一般不接输入信号，首先进行静态调试。有振荡电路时，也暂不要接通。测试电路中各主要部位的静态电压，检查器件是否完好、是否处于正常的工作状态。若不符合要求，一定要找出原因并排除故障。

2. 动态调试
静态调试完成后，再接上输入信号或让振荡电路工作，各级电路的输出端应有相应的信号输出。线性放大电路不应有波形失真；波形产生和变换电路的输出波形应符合设计要求。调试时，一般是由前级开始逐级向后检测，这样比较容易找出故障点，并及时调整改进。如果有很强的寄生振荡，应及时关闭电源采取消振措施。

4.3　故障检测的一般方法

4.3.1　故障

任一电子电路，总要实现一定的功能，如果电路设计是正确的，而在调试中出了问题，不能实现预定的功能，则必然存在故障。一般地说，电路或系统的输出响应失常就叫存在故障。任一装置只有在通过了规定的重复性试验，经受了实际工作条件（如抗干扰、环境温度等）的检验之后，才能说电路是无故障的。

4.3.2　故障源

电路或系统的故障来源，一般有以下几种。

（1）布线错误。如错接、漏接、碰接、断线、印制板引线断裂、接点虚焊等。这类故障几乎占实验电路故障的绝大部分。

（2）元器件使用不当或功能不正常。它如将集成电路倒插，错插或个别引脚弯曲，电解电容极性接反，晶体管管脚颠倒等；有时集成电路已部分损坏，功能不正常等。

（3）电源电压极性和数值不合要求或根本没接通，公共地未连在一起（尤其在使用多种电源时）。

（4）接插件质量有问题。如多孔接插板插孔松动，印制板插座或其他接插件接触不可靠，印制板金属化孔不通等。

（5）电路设计有问题或布线不妥

1）集成电路电气参数使用不当。如数字电路中设计者往往侧重考虑电路的逻辑功能是否正确，而容易忽略器件的电气参数。如负载能力、工作速度及脉冲边沿是否符合要求，从而造成电路的失常。

2）组合电路的竞争与险象产生毛刺，使触发器产生误动作。

3）地线布置不当，去耦欠佳。电源中的高频噪声耦合到电路中，数字信号与模拟信号叠加。

4）长线传输引起反射，闭路传输产生反馈。

5）外界的电磁干扰。

以上 1）～4）类故障是不难发现的，只要在调试前作认真仔细的检查，就可以大部分排除。但第 5）类由电路设计或布线不妥造成的故障有的是很难预料的，排除这类故障在很大程度上有赖于设计和调试电路人员的实际工作经验。

此外，测试设备的不正常，如示波器探头、万用表笔、显示器件工作不可靠，也会造成电路故障的假象。

4.3.3　故障检测

电路的调试过程，实际上是分析和排除故障，使电路实现预定功能，并满足所定技术要求的过程。前面已讨论了所谓故障就是电路输出响应"不正常"。为了找出哪里"不正常"，就应了解哪里"正常"的输出应该是怎样的。为此必须熟悉所用器件的特性，不仅要熟悉器件的逻辑特性，还要熟悉其电气特性、技术指标和极限运用参数，因为有许多故障是由器件的电性能不符合要求引起的。当然，还必须掌握整个系统和各单元电路的工作原理和结构，组合电路的真值表，时序电路的工作波形图（时序图）等。把"正常"和"不正常"做一对比，才能正确而迅速地判断故障来源，并加以排除。可见，分析和排除故障要求将书本上所学的基本理论知识正确而灵活地运用于实践，以有效的方式和手段，深思熟虑地、创造性地解决实际工作中的问题。

下面简单介绍分析和排除数字电路故障的基本方法和技巧，并对常见故障作一分析与讨论，最后是一简单数字电路故障分析实例。

一、数字电路故障检测的基本方法和技巧

静态检查和动态检查是数字电路故障检测的基本方法。所谓静态检查是指在输入信号的高、低电平固定不变的情况下，检查输出电平。所谓动态检查是指在输入信号为一串脉冲的情况下，检测输出信号与输入信号的波形。

数字电路检测故障的基本技巧是采用隔离技术。所谓隔离技术，是指把数字系统（不论其大小）划分成一系列较小的不太复杂的子系统，再将子系统划分为单元电路，最后将单元电路隔离到器件级。这样，就可以将系统故障的范围逐步缩小，使问题得到迅速地暴露，从而确定故障的来源而加以排除。

二、常见故障分析

现以 TTL 类器件为例讨论常见故障的分析方法，所讨论的内容对其它类集成电路也是有用的。

1. 输出逻辑电平的检测

通常，输出端工作失常往往是查找故障的有效起点。为了分析输出端的工作不正常，就必须了解正常的输出逻辑电平是怎样的。为此，有必要先对 TTL 类器件输出端的常见结构做一简要分析。

（1）TTL 类器件输出端的常见结构有两种，一种是图腾柱输出结构，一种是集电极开路输出结构。

在图腾柱输出结构中，逻辑 1 的正常电平 $U_{OH} = +2.4 \sim 4V$，逻辑 0 的正常电平 $U_{OL} \leqslant 0.4V$。对集电极开路输出（OC）结构，空载状态下，输出逻辑 1 时，VT 截止，输出经 R_L 提升至 V_{cc}；输出逻辑 0 时，VT 饱和，输出低电平 $U_{OLI} = U_{ces} \leqslant 0.4V$。加载时，拉电流负载使输出高电平降低，灌电流负载使输出低电平抬高，如果负载电流过大，输出高、低电平就要偏离正常值。

可见，OC 输出结构的电路，正常电平为 $U_{OH} = V_{cc} = +5V$，$U_{OL} \leqslant +0.4V$。

（2）输出逻辑电平若干常见故障分析参见表 4.3.1。

表 4.3.1   输出逻辑电平若干常见故障分析

	正常值	故障现象	原因分析
图腾柱结构	逻辑 1 $U_{OH} = 2.4 \sim 4V$	1) $U_{OH} = V_{cc}$ 2) $0.4V < U_{OH} < 2.4V$ 3) U_{OH} 是一串脉冲，其高电平为 3.5V，低电平为 2.0V	1) 输出端与 V_{cc} 短接，或电路接地不良 2) 拉电流过载，或输出端与逻辑 0 相碰线 3) 输出通常与系统中某处信号脉冲短接
图腾柱结构	逻辑 0 $U_{OL} \leqslant 0.4V$	1) U_{OL} 始终为 0V 2) $U_{OL} > +0.4V$	1) 未加电源或输出端与地短接 2) 灌电流过大，或输出端与逻辑 1 相碰线
OC结构	逻辑 1 $U_{OH} = V_{cc}$	除 1) 项外，其余类同有源结构	
OC结构	逻辑 0 $U_{OL} \leqslant 0.4V$	均同有源结构	

2. 输入逻辑电平的检测

为了分析输入逻辑电平的"不正常"现象，就要了解"正常"的逻辑电平应该是什么。

为此，有必要对 TTL 器件输入端不同接法时的正常逻辑电平作一简要分析。

（1）TTL 与非门输入端的几种接法。图 4.3.1 所示为 TTL 与非门的原理图（大多数 TTL 类器件有与其类同的输入结构）。图 4.3.2 所示为输入端的几种不同接法。

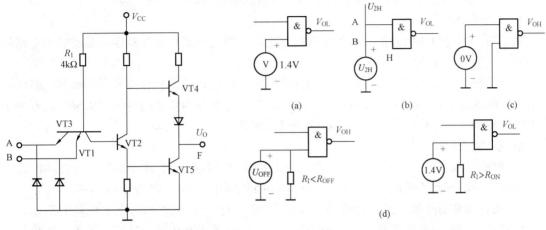

图 4.3.1　TTL 与非门的原理图

图 4.3.2　输入端的几种接法
(a) 接法一；(b) 接法二；(c) 接法三；(d) 接法四

图 4.3.2（a）：A、B 两输入端同时悬空，相当于接高电平，输出应为低电平。任一悬空输入端的电压约为 1.4V，其典型值应在 1.1～1.5V 范围内。

当 A、B 两输入端同时悬空时，因 VT1 的发射结没有电流通路，VT1 的集电结相当于正偏的二极管，V_{CC} 通过 VT1 之集电结向 VT2、VT5 提供基流，VT2、VT5 都饱和导通，VT1 基极电压 $U_{b1} \approx 2.1V$，即

$$U_{b1} = U_{bc1} + U_{be2} + U_{be5} \approx 2.1V$$

与非门输出低电平，三用表测试输入端电平为 1.4V，即

$$U_{e1} = U_{b1} - U_{be1} \approx 1.4V$$

图 4.3.2（b）：A、B 两输入端都接高电平时，VT1 管处于倒置工作状态，即原来的发射极当作了集电极，原来的集电极当作了发射极，在输入端测得电压为高电平。输出为低电平。

图 4.3.2（c）：A、B 两输入端有一个接地时，VT1 管相应发射结正偏导通，$U_{b1} = 0V + U_{be1} \approx 0.7V$，另一悬空输入端测得的电压也为零伏，即 $U_{b1} - U_{be1} = 0V$。

图 4.3.2（d）：输入端接电阻 R_I 时，R_I 阻值大小值直接影响与非门的工作状态。

$R_I > R_{ON}$（开门电阻[①]）时相当于输入端悬空，$U_I > U_{ON}$（开门电压），按图 4.3.2（a）项情况分析，与非门始终输出低电平。

$R_I < R_{OEF}$（关门电阻[②]）时，$U_I < U_{OFF}$（关门电平），与非门始终输出高电平。

R_I 在 $R_{OFF} \sim R_{ON}$ 值范围以内时，与非门工作在线性区（或转折区）。

（2）输入端常见故障。

1）输入端既不是逻辑 1 也不是逻辑 0，而是 1.1～1.5V。则说明，此输入端与前级断开，其原因可能是：印制板线路开裂或导线折断；输入引脚与插孔没有焊接或接触不良；输入引脚弯曲。

2）输入端始终为低电平，其原因可能是：该输入端与地线短接；同一门的另外输入端

接地；器件有故障。

3）输入端始终为高电平，其原因可能是：该输入端与 V_{CC} 相碰线；该输入端与某一固定逻辑高电平碰线；器件有毛病。

4）输入端的工作波形不正常，其原因是该输入端与其他信号线相碰。

3. 时序电路的故障检测

为了检测时序电路的故障，必须掌握时序电路中所选用器件的外特性，熟悉时序电路的波形图。下面举例说明。

（1）掌握触发器或时序逻辑部件的功能表。触发器是计数器、移位寄存器和其他时序电路的主要组成部分。熟悉了触发器的逻辑功能就容易理解较为复杂的时序逻辑部件，有关手册上可以查到所用器件的功能表，应给予正确理解。

审视功能表时应注意几点。

1）控制输入（D、J、K 等）信号应先于时钟建立，数据后于时钟输出，有些功能表中以脚标 n 表示时钟到来前的时刻，$n+1$ 表示时钟到来后的时刻，如 Q_n、Q_{n+1} 等。

2）预置端和清除端。预置将使 $Q=1$，清除将使 $Q=0$。预置和清除不能同时启动。有些计数器还有同步预置清除和异步预置清除之分。同步预置和清除意味着，预置和清除信号加入后，要在下一个时钟到来时输出才会响应，而异步预置和清除意味着，不论时钟处于何种状态，Q 输出均会响应，故异步预置和清除又叫直接预置和直接清除。图 4.3.3 是同步和异步两种预置、清除的时序图。图 4.3.3 中同步方式为时钟下降沿有效。

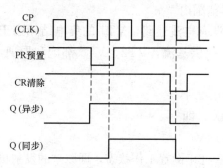

图 4.3.3　同步和异步预置、清除的时序图

3）时钟触发沿。要分清是上升沿触发还是下降沿触发，凡是在逻辑符号的时钟输入端标有小圈的，或在功能表中用"↓"号表示的为下降沿触发。反之，在逻辑符合的时钟输入端没有小圈的，或在功能表用"↑"号表示的为上升沿触发。

（2）了解所用器件的电气参数。触发器的静态参数与门电路类似，其有意义的新参数是转换特性（定时参数），如触发器的最高时钟频率 f_{max}，检查触发器功能时，不仅要用示波器观察输出波形的有无，而且要看其响应的触发沿是否正确。

对于引脚和功能完全相同的器件，如果电气参数不符合要求，一般不能进行替代。

（3）熟悉所用器件和时序电路的工作波形图（时序图）。只有掌握了电路中各主要测试点的工作波形，才能迅速而有效地定位故障。例如 74LS161 是四位同步二进制计数器，它具有计数、预置、保持和清 0 的功能，当用它构成计数器时，应根据其功能表画出计数器的波形图，将实际测试点的波形与"应该是怎样"的波形进行对比，用逻辑思维的方法分析和判断故障部位，并加以排除。

下面举一个简单的故障检测实例，作为本节所讨论内容的综合运用。

图 4.3.4 是单脉冲发生器的电路及时序图。74LS00 是二输入与非门，74LS112 是下降沿触发的双 JK 触发器。单刀双掷开关平时置"上"位置，当开关"上—下—上"来回拨动一次时，在 Q_2 端能得到一个与系统时钟 CP_2 周期等宽的单脉冲。门 A、门 B 组成的基本 RS 触发器用来消除机械开关产生的电压抖动。

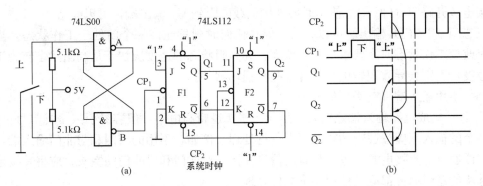

图 4.3.4　单脉冲发生器的电路及时序图
（a）电路；（b）时序图

熟悉了所用器件的特性，掌握了电路的工作原理，就可以有效地检测该电路的故障。假设电路在接通电源后，开关来回拨动一次，用万用表监测 Q_2 始终为低电平，一般应按下列步骤查找故障。

（1）首先检查电源线和地线。进行此项检查时应在所怀疑的器件的片脚上直接测试，而不是简单地测量电源电压的输入线和接地线，故障可能是电源线或地线断开，或片子的引脚接触不良。当用数字万用表检查相通的两点时，数字万用表的数值为 0.00V。

（2）查触发器的清除端和预置端。若电源电压确已加上，则查 JK 触发器的预置端和清除端是否符合要求。触发器的 4、10、14 脚应该接高电平，若测得电压为 1.4V 左右，则说明该引脚处于悬空状态。

（3）查 CP_2，用示波器观察有无系统时钟 CP_2 加到触发器的 13 脚，如无 CP_2，则隔离 CP_2 与触发器，再查 CP_2，若有 CP_2，则触发器的时钟输入端 CP_2 有问题，否则检测系统时钟发生器及其通路。在检测 CP_2 时，应注意其高、低电平是否为正常的逻辑电平。

（4）查 J2、K2 端。若测得电压为 1.4V，则说明该端与前级信号断开。

（5）查 CP_1，当开关置"上"时，B 门 6 脚应为低电平；置"下"时，6 脚应为高电平。若不正常，则隔离 B 门 6 脚与后接触发器的 1 脚。隔离后若 6 脚恢复正常，则触发器时钟输入端 CP_1 有问题，否则是开关或门电路不正常。

（6）查开关和电阻 R_1、R_2 连接是否正常，电阻内部是否开路。开关置"上"时，A 门 1 脚应为低电平，B 门 5 脚应为高电平，开关置"下"时，A 门 1 脚为高，B 门 5 脚为低。

（7）查与非门。各引脚有无碰线，逻辑功能是否正常。按上述步骤进行，即能迅速排除故障。

4.4　数字集成电路使用须知

一、TTL 类集成电路使用须知

（1）电源电压范围：+5V±5%。

工作环境温度：74 系列，0～+70℃；54 系列，−55～+125℃。

（2）输出端的接法。

图腾柱输出结构的输出端不得直接接电源或地线，且两输出端不得相碰。

集电极开路门（OC门）使用时要外接负载电阻到V_{CC}输出端，可以线与。

三态门（TS门）输出端可以线与，但在任何时刻只允许一个门处于工作状态，当几个门同时改变工作状态时，要求从工作状态转为高阻状态的速度应快于从高阻状态转为工作状态的速度，否则会导致逻辑电平的混乱甚至损坏器件。

（3）不用输入端（空头）的处理。

TTL类集成电路输入端悬空时，虽相当于接逻辑高电平，但容易引入干扰信号。因此，对于多余的输入端应按逻辑功能的要求进行处理。例如，不用的与门和与非门输入端，可将其直接或通过电阻接电源，也可与有用信号并接，对或门和或非门的空头，应将其接地。对其他选用的逻辑部件都应按使用要求类似处理。

二、CMOS 集成电路使用须知

（1）焊接CMOS器件时，应使用20W内热式烙铁，并将烙铁外壳接地，或切断烙铁电源再焊，焊接时间应尽可能短。

（2）插拔CMOS器件必须断电。

（3）电源电压极性不得接反。

（4）输入端接有大电容或引线过长时，最好在输入端串接一电阻R，一般取值$R = V_{DD}/1mA$；以限流保护或防止寄生振荡。

（5）不允许在不加电源电压的情况下，接入输入电压。通电时，应先接通电源，再接输入信号，断电时，应先撤输入信号，再断开电源。

（6）输入电压不得超出电源电压范围0.5V以上，即$V_{SS} - 0.5V < U_I < V_{DD} + 0.5V$。

（7）多余输入端不得悬空，可将其与有用信号并接，也可根据逻辑功能要求，接高电平或接地。

（8）CMOS器件的输出端不得与V_{DD}或V_{SS}短接，若输出端接有负载电容，则应根据手册要求选取电容容量，以免过大的电流损坏输出级。

（9）增大CMOS电路负载能力有以下几种方法。

1）将同一芯片上几个反相器的输出端并联。

2）增加驱动电路。

3）负载是晶体管时，可采用复合管作输入级。

4.5　电工测量的基本知识

在电路实验中，离不开电工测量，因此首先必须了解电工测量的基本知识，包括电工测量的测量方法，电工仪表的准确度等级，测量误差和测量准确度的评定，消除测量误差的方法，电工仪表的分类、标记和型号，对电工仪表的一般要求等。

4.5.1　电工测量的测量方法

电工测量的测量方法，常采用的有直接测量法和间接测量法。

一、直接测量法

直接测量法（Direct Measurement Method）是指被测量与其单位量作比较，被测量的大小可以直接从测量的结果得出。例如，用电压表测量电压，读数即为被测电压值，这就是直接测量法。

直接测量法又分为直接读数法和比较法两种。上述用电压表测量电压，就是直接读数法，被测量可直接从指针指示的表面刻度读出。这种测量方法的设备简单，操作方便，但其准确度较低，测量误差主要来源于仪表本身的误差，误差最小的可达±0.05％。比较法是指测量时将被测量与标准量进行比较，通过比较确定被测量的值。例如，用电位差计测量电压源的电压，就是将被测电压源的电压与已知标准电压源的电压相比较，并从指零仪表确定其作用互相抵消后，即可从刻度盘读的被测电压源的电压值。比较法的优点是准确度和灵敏度都比较高，测量误差主要决定于标准量的精度和指零仪表的灵敏度，误差最小可达±0.001％，比较法的缺点是设备复杂，价格昂贵，操作麻烦，仅适用于较精密的测量。

二、间接测量法

间接测量法（Indirect Measurement Method）是指测量时测出与被测量有关的量，然后通过被测量与这些量的关系式，计算出被测量。例如，用伏安法测量电阻，首先测出被测电阻上的电压和电流，再利用欧姆定律求得被测电阻值。间接测量法的误差较大，它是各个测量仪表和各次测量中误差的综合。

4.5.2　有效数字

在测量中，常常需要从仪表指针的指示位置估计读出最后一位数字，这个数字称为欠准数字。超过一位的欠准数字是没有意义的，不必记入。例如，图 4.5.1（a）中，指针指示的刻度为 4.5A，小数点后的一位"5"就是估计的欠准数字。图 4.5.1（b）中，指针指示的刻度为 5.0A，小数点后一位"0"就是估计的欠准数字。仪表指针指示刻度的读数和最后一位估计数字，称为实验数据的有效数字（Significant Figure），上述 4.5A 和 5.0A 都是两位有效数字，在实验记录中的有效数字做如下规定。

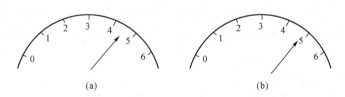

图 4.5.1　仪表指针指示刻度位置

（a）指针指示为 4.5A；（b）指针指示为 5.0A

（1）有效数字的位数与小数点无关，例如电压 123V 和 0.123kV 都是三位有效数字。

（2）"0"在数字之间或数字之末，算作有效数字，在数字之前，不算作有效数字。例如 1.04、80.5、400 都是三位有效数字，而 0.024、0.24 都是两位有效数字。注意 5.40 与 5.4 的有效数字位数是不相同的，前者是三位有效数字，其中"4"是准确数字，"0"是欠准数字；而后者是两位有效数字，"4"是欠准数字。所以 5.40 的"0"不能省略，是有特定含义的。

（3）遇到大数字或小数字时，有效数字的记法如下：4.60×10^3 和 4.6×10^{-3}，分别表示三位和二位有效数字。电压表的读数为 6.25kV，是三位有效数字，可以写成 6.25×10^3V，但不能写成 6250V，后者变成了四位有效数字了。3.2×10^3 和 3.20×10^3 分别为二位和三位有效数字，不能认为是相同的准确度。小数字 0.000 32，可以写成 3.2×10^{-4}，有两位有效数字。对有效数字进行计算时，为了保证运算结果的准确度，有效数字位数的记法规则如下。

1) 运算结果只保留一位欠准数字。舍去多余的欠准数字时，近似地可采取四舍五入法。

2) 运算中的常数，如 π、$\sqrt{2}$、e 或仪表的量限等，可根据需要任意取用有效数字的位数，不加限制。

3) 在进行数的运算时，其得数在小数点后的位数，应取与运算数中小数点后位数最少的一个位数相同。例如：$10.5+6.22=16.7$，$3.2 \times 6.22=16.7$，$1.243 \times 4.2=5.2$。有时也可根据需要多保留一位，但保留更多位数会使人错误地认为实验结果的准确度很高，因此是不必要的。

4.5.3 测量误差和仪表的准确度

一、测量误差的分类

测量中，无论采用什么样的仪表、仪器和测量方法，都会使测量结果与被测量的真实值（即实际值或简称真值）之间存在着差异，这就是测量误差（Measuring Error）。测量误差可分为系统误差、偶然误差和疏忽误差三类。

1. 系统误差

系统误差（Systematic Error）的特点是测量结果总是向某一方向偏离，相对于真实值总是偏大或偏小，具有一定的规律性，根据其产生的原因可分为仪表误差、理论或方法误差、个人误差。

(1) 仪表误差。仪表在规定的正常工作条件下使用（仪表使用在规定的温度、湿度，规定的安置方式，没有外界电磁场的干扰等），由于仪表本身结构和制造工艺上的不完善所引起的误差，叫做仪表的基本误差（Fundamental Error）。例如，仪表偏转轴的磨损、标尺刻度的不准等引起的误差，叫做仪表的附加误差（Additional Error），例如，外界电磁场的干扰所引起的误差，就属于附加误差。

仪表误差有两种表示方法。

1) 绝对误差。仪表的测量值 A_x 与真实值 A_0 之差，叫做绝对误差（Absolute Error），用 Δ 表示

$$\Delta = A_x - A_0 \tag{4.5.1}$$

绝对误差的单位与被测量的单位相同。绝对误差在数值上有正负之分。

【例 4.5.1】 用一电流表测的电流为 101mA，用标准电流表测的该电流为 100mA（看作真实值），求被测电流的绝对误差。

解 $\Delta = A_x - A_0 = 101 - 100 = +1$ （mA）

2) 相对误差。用绝对误差无法比较两次不同测量结果的准确性，例如，用电流表测量 100mA 的电流时，绝对误差为 +1mA，又若测量 10mA 电流时，+0.25mA，虽然绝对误差是前者大于后者，但并不能说明后者的测量比前者准确，要使两次测量能够进行比较，必须采用相对误差。

绝对误差 Δ 与被测量的真实值 A_0 之比，叫做相对误差（Relative Error）。用 r 表示，常写成百分数，有

$$r = \frac{\Delta}{A_0} \times 100\% \tag{4.5.2}$$

因为测量值 A_x 与真实值 A_0 相差不大，故相对误差也可近似表示为

$$r \approx \frac{\Delta}{A_x} \times 100\% \tag{4.5.3}$$

【例 4.5.2】　在上面的两次测量中测量真实值为 100mA 的电流时，绝对误差为 $+1$mA，测量真实值为 10mA 电流时的绝对误差为 $+0.25$mA，求这两次测量的相对误差。

解　第一次测量中，被测电流的相对误差为

$$r_1 = \frac{\Delta_1}{A_{01}} \times 100\% = \frac{+1}{100} \times 100\% = +1\%$$

第二次测量中，被测电流的相对误差为

$$r_2 = \frac{\Delta_2}{A_{02}} \times 100\% = \frac{0.25}{100} \times 100\% = +2.5\%$$

从计算结果看出，第一次测量的绝对误差虽大，但相对误差较小，所以第一次测量比第二次测量的结果准确。工程上常采用相对误差来评定测量结果的准确程度。

【例 4.5.3】　用电流表测量真值为 5A 的电流，测量相对误差为 $r = -1\%$，求电流表的读数。

解　被测电流的绝对误差为

$$\Delta = r \times A_0 = (-1\%) \times 5 = -0.05(\text{A})$$

电流表的读数为

$$A_x = A_0 + \Delta = 5 + (-0.05) = 4.95(\text{A})$$

（2）理论误差或方法误差。这是指实验本身所依据的理论和公式的近似性，或者对实验条件及测量方法考虑得不周到带来的系统误差。例如，考虑仪表内阻对被接入电路的影响而造成的系统误差，就属于这一类。

（3）测量者个人因素带来的个人误差。例如，被测量者反应速度的快慢、分辨能力的高低、个人的固有习惯等，致使读数总是偏大或偏小。

2. 偶然误差

偶然误差（Accidental Error）是由于某种偶然因素所造成的，其特点是在相同的测量条件下，有时偏大，有时偏小，无规律性。例如，温度、湿度、外界电磁场、电源频率的偶然变化，即使采用同一仪表去多次测量同一个量，也会得到不同的结果。

3. 疏忽误差

疏忽误差（Careless Error）是指测量结果出现明显的错误，是由于实验者的疏忽造成读数错误或记错等引起的误差。

二、仪表的准确度等级

仪表的最大绝对误差与仪表量限（Measurement Range）比值的百分数（有时称为最大引用误差），表示仪表的准确度（Accuracy）。设仪表的准确度等级为 K，则

$$\pm K\% = \frac{\Delta_m}{A_m} \times 100\% \tag{4.5.4}$$

根据国家标准 GB 776—1976《电器测量指示仪表通用技术条件》规定，仪表的准确度的等级有七个，即 0.1、0.2、0.5、1.0、1.5、2.5、5.0 级，仪表在正常工作条件下应用

时，各等级仪表的基本误差不超过表 4.5.1 所规定的值。

表 4.5.1			误 差 等 级			
准确度等级	0.1	0.2	0.5	1.0	1.5	2.5	5.0
基本误差/%	±0.1	±0.2	±0.5	±1.0	±1.5	±2.5	±5.0

从表 4.5.1 中可知，0.1 级的仪表，基本误差最小，准确度最高。从式（4.5.4）可得，仪表的最大绝对误差为

$$\Delta_m = A_m \times (\pm K\%) \tag{4.5.5}$$

测量值得最大相对误差为

$$r_m = \frac{\Delta_m}{A_x} = \frac{A_m \times (\pm K\%)}{A_x} \tag{4.5.6}$$

式中：A_x——仪表的测量值。

三、测量误差的消除方法

实验中的测量误差虽然是不可避免的，但可以采取某些措施来减少或消除它们，下面介绍几种减少和消除测量误差的一般方法。

1. 从仪表和仪器设备本身考虑

（1）对仪表要经常进行校正。采用标准式或准确度高于被校正表的仪表进行校正，也可对被校正表的读数引入校正值。此外，仪表在使用前要作零点调整，例如，大部分仪表在未通电时指针应指在零点，当偏离零点时，可用机械调零装置进行调整。又如，用欧姆表测量电阻时，必须先用零欧姆调节旋钮调零后再进行测量。

（2）避免用大量限仪表测量小的被测量值。因为仪表在某一个量限时的最大绝对误差 Δ_m 通常是一定的，当被测量值 A_x 小时，测量中可能的最大相对误差将会大大增加。

（3）考虑仪表接入线路，仪表内阻对测量值的影响。例如，在负载电阻较小的线路中测量电流时，电流表的内阻 R_A 不能太大$\left(通常要求 R_A \leqslant \frac{1}{100}R，R 为负载电阻\right)$；当用电压表测量大的串联电阻上某一段电压时，电压表的内阻 R_V 不能太小（通常要求 $R_V \geqslant 100R$，R 为被测电压的电阻），否则引起测量值与电路中的实际值有较大的偏差。

（4）仪表和仪器的安置方法要正确。水平安置的仪表不能垂直安置，否则仪表的读数误差将增大。安置仪表和仪器的环境应不受外界电磁场的干扰。

（5）要注意仪器设备的额定值。例如，电阻箱内标准电阻元件的额定功率一般为 25W，如果电阻箱由于过载发热，则标准电阻的值会改变，影响旋钮指示的正确性。又如低频信号发生器的输出阻抗和输出功率是一定的，当所接负载阻抗过低，输出信号的波形会严重失真。波形的失真、频率的改变，又会使正常使用时在 50Hz 正弦波形的仪表增大误差。

2. 从测量线路和测量方法考虑

（1）选择合理的测量线路。例如，用伏安测量电阻，若根据被测电阻和仪表内阻的大小选择合理的测量线路，将使测量误差大为减小。

（2）采用特殊的测量方法。例如，用替代法，即用一标准量代替被测量，使仪表的读数仍保持不变，则被测量的值就等于该标准量。这样的测量结果与仪表的 误差及外界条件的干扰无关。又如，指针式仪表由于偏转轴的摩擦，指针上升和指针下降时的测量结果不同，

具有正、负误差的特点，若取测量结果的平均值，即可消去误差。

此外，对于偶然误差的消除，可以通过多次重复测量，求得测量结果的平均值，获得比较准确的结果。由于疏忽误差较明显，可将此测量结果舍弃，消除疏忽误差的根本方法，是加强测量者的责任感，倡导认真负责和一丝不苟的工作精神。

4.6　磁电式、电磁式、电动式仪表的工作原理

一、电工测量仪表的形式

按照工作原理可将常用的直读式仪表主要分为磁电式、电磁式和电动式等几种。

直读式仪表之所以能测量各种电量的根本原理，主要是利用仪表中通入电流后产生电磁作用，使可动部分受到转矩而发生转动。转动转矩与通入的电流之间存在一定的关系，即

$$T = f(I)$$

为了使仪表可动部分的偏转角 α 与被测量成一定比例，必须有一个与偏转角成比例的阻转矩 T_C 来与转动转矩 T 相平衡，即

$$T = T_C$$

这样才能使仪表的可动部分平衡在一定位置，从而反映出被测量的大小。

此外，仪表的可动部分由于惯性的关系，当仪表开始通电和由被测量发生变化时，不能马上达到平衡，而要在平衡位置附近经过一定时间的振荡才能静止下来。为了使仪表的可动部分迅速静止在平衡位置，以缩短测量时间，还需要有一个能产生制动力（阻尼力）的装置，它称为阻尼器。阻尼器只在指针转动过程中才起作用。

在通常的直读式仪表中主要是由上述三部分组成，即产生转动转矩的部分、产生阻转矩的部分和阻尼器。

二、磁电式仪表

磁电式仪表的构造固定部分包括马蹄形永久磁铁、极掌 NS 及圆柱形铁心等。极掌与铁心之间的空气隙的长度是均匀的，其中产生均匀的辐射方向的磁场。仪表的可动部分包括铝框及线圈，前后两根半轴 O 和 O'、螺旋弹簧（或用张丝）及指针等。铝框套在铁心上，铝框上绕有线圈，线圈的两头与联在半轴 O 上的两个螺旋弹簧的一端相连，弹簧的另一端固定，以便将电流通入线圈。指针也固定在半轴 O 上。

当线圈通有电流 I 时，由于与空气隙中磁场的相互作用，线圈的两有效边受到大小相等、方向相反的力，其方向由左手定则确定，其大小为

$$F = BlNI$$

式中　B——空气隙中的磁感应强度；

　　　l——线圈在磁场内的有效长度；

　　　N——线圈的匝数。

如果线圈的宽度为 b，则线圈所受的转矩为

$$T = Fb = BlbNI = k_1 I \qquad (4.6.1)$$

式中：$k_1 = BlbN$，是一个比例常数。

在这转矩的作用下，线圈和指针便转动起来，同时螺旋弹簧被扭紧而产生阻转矩。弹簧的阻转矩与指针的偏转角成正比，即

$$T_C = k_2\alpha \qquad\qquad (4.6.2)$$

当弹簧的阻转矩与转动转矩达到平衡时，可动部分便停止转动。这时有

$$T = T_C \qquad\qquad (4.6.3)$$

即
$$\alpha = \frac{k_1}{k_2}I = kI \qquad\qquad (4.6.4)$$

由式（4.6.4）可知，指针偏转的角度是与流经线圈的电流成正比的，按此即可在标度尺上作均匀刻度。当线圈中无电流时，指针应指在零的位置。如果不在零的位置，可用校正器进行调整。

磁电式仪表的阻尼作用是这样产生的：当线圈通有电流而发生偏转时，铝框切割永久磁铁的磁通，在框内感应出电流，这电流再与永久磁铁的磁场作用，产生与转动方向相反的制动力，于是仪表的可动部分就可受到阻尼作用，迅速静止在平衡位置。

这种仪表只能用来测量直流，如通入交流电流，则可动部分由于惯性较大，将赶不上电流和转矩的迅速交变而静止不动。也就是说，可动部分的偏转是决定于平均转矩的，而不是决定于瞬间转矩。在交流的情况下，这种仪表的转动转矩的平均值为零。

磁电式仪表的优点：刻度均匀；灵敏度和准确度高；阻尼强；消耗电能量少；由于仪表本身的磁场强，所以受外界磁场的影响很小。这种仪表的缺点：只能测量直流；价格较高；由于电流须流经螺旋弹簧，因此不能承受较大过载，否则将引起弹簧过热，使弹性减弱，甚至被烧毁。

磁电式仪表常用来测量直流电压、直流电流及电阻等。

三、电磁式仪表

电磁式仪表常采用推斥式的构造。它的主要部分是固定的圆形线圈、线圈内部有固定铁片、固定在转轴上的可动铁片。当线圈中通有电流时便产生磁场，两铁片均被磁化，同一端的极性是相同的，因而互相推斥，可动铁片因受斥力而带动指针偏转。在线圈通有交流电流的情况下，由于两铁片的极性同时改变，所以仍然产生推斥力。

可以近似地认为，作用在铁片上的吸力和仪表的转动转矩是和通入线圈的电流的平方成正比的。在通入直流电流 I 的情况下，仪表的转动转矩为

$$T = k_1 I^2 \qquad\qquad (4.6.5)$$

在通入交流电流 i 时，仪表的可动部分的偏转决定于平均转矩，它和交流电流有效值 I 的平方成正比，即

$$T = k_1 I^2 \qquad\qquad (4.6.6)$$

和磁电式仪表一样，产生阻转矩的也是联在转轴上的螺旋弹簧。和式（4.6.2）一样有

$$T_C = k_2 d$$

当阻转矩与转动转矩达到平衡时，可动部分即停止转动。这时

$$T = T_C$$

即
$$\alpha = \frac{k_1}{k_2}I^2 = kI^2 \qquad\qquad (4.6.7)$$

由式（4.6.7）可知，指针的偏转角与直流电流或交流电流有效值得平方成正比，所以刻度是不均匀的。

在这种仪表中产生阻尼力的是空气阻尼器。其阻尼作用是由与转轴相联的活塞在小室中移动而产生的。

　　电磁式仪表的优点：构造简单，价格低廉；可用于交直流；能测量较大电流和允许较大的过载。缺点：刻度不均匀；易受外界磁场（本身磁场很弱）及铁片中磁滞和涡流（测量交流时）的影响，因此准确度不高。

　　这种仪表常用来测量交流电压和电流。

四、电动式仪表

　　电动式仪表有两个线圈：固定线圈和可动线圈。后者与指针及空气阻尼器的活塞都固定在转轴上。和磁电式仪表一样，可动线圈中的电流也是通过螺旋弹簧引入的。

　　当固定线圈通有电流 I_1 时，在其内部产生磁场（磁感应强度为 B_1），可动线圈中的电流 I_2 与磁场相互作用，产生大小相等、方向相反的两个力，其大小则与磁感应强度 B_1 和电流 I_2 的乘积成正比。而 B_1 可以认为是与电流 I_1 成正比的，所以作用在可动线圈上的力或仪表的转动转矩与两线圈的电流 I_1 和 I_2 的乘积成正比，即

$$T = k_1 I_1 I_2 \tag{4.6.8}$$

　　在这转矩的作用下，可动线圈和指针便发生偏转。任何一个线圈中电流方向的改变，指针偏转的方向就随着改变。两个线圈中电流方向同时改变，偏转的方向不变。因此，电动式仪表也可用于交流电路。

　　当线圈中通入交流电流 $i_1 = I_{1m}\sin\omega t$ 和 $i_2 = I_{2m}\sin(\omega t + \varphi)$ 时，转动转矩的瞬时值即与两个电流的瞬时值的乘积成正比。但仪表可动部分的偏转是决定于平均转矩的，即

$$T = k_1 I_1 I_2 \cos\varphi \tag{4.6.9}$$

式中　I_1、I_2——交流电流 i_1 和 i_2 的有效值；

　　　　φ——i_1 和 i_2 之间的相位差。

　　当螺旋弹簧产生的阻转矩 $T_C = k_2\alpha$ 与转动转矩达到平衡时，可动部分便停止转动。这时有

$$T = T_C$$

即

$$\alpha = k I_1 I_2 （直流） \tag{4.6.10}$$

或

$$\alpha = k I_1 I_2 \cos\varphi （交流） \tag{4.6.11}$$

　　电动式仪表的优点是适用于交直流，同时由于没有铁心，所以准确度较高。其缺点是受外界磁场的影响大（本身的磁场很弱），不能承受较大过载。

　　电动式仪表可用在交流或直流电路中测量电流、电压及功率等。

4.7　电流、电压的测量

一、电流的测量

　　测量直流电流通常都用磁电式电流表，测量交流电流主要采用电磁式电流表。电流表应串联在电路中，如图 4.7.1（a）所示。为了使电路的工作不因接入电流表而受影响，电流表的内阻必须很小。因此，如果不慎将电流表并联在电路的两端，则电流表将被烧毁，在使用时务须特别注意。

　　采用磁电式电流表测量直流电流时，因其测量机构（即表头）所允许通过的电流很小，不能直接测量较大电流。为了扩大它的量程，应该在测量机构上并联一个称为分流器的低值电阻，如图 4.7.1（b）所示。这样，通过磁电式电流表的测量机构的电流 I_0 只是被测电流

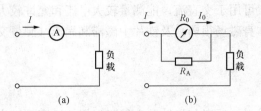

图 4.7.1　直流电流测量电路

(a) 串联电流表；(b) 并联分流器

的一部分，但两者有如下关系，即

$$I_0 = \frac{R_A}{R_A + R_0} I$$

即

$$R_A = \frac{R_0}{\dfrac{I}{I_0} - 1} \qquad (4.7.1)$$

式（4.7.1）中 R_0 是测量机构的电阻。由式（4.7.1）可知，需要扩大电流表的量程越大，则分流器的电阻应越小。多量程电流表具有几个标有不同量程的接头，这些接头可分别与相应阻值的分流器并联。分流器一般放在仪表的内部，成为仪表的一部分，但较大电流的分流器常放在仪表的外部。

【例 4.7.1】　有一磁电式电流表，当无分流器时，表头的满标值电流为 5mA。表头电阻为 20。现欲使其量程（满标值）为 1A，问分流器的电阻应为多大？

解

$$R_A = \frac{R_0}{\dfrac{I}{I_0} - 1} = \frac{20}{\dfrac{1}{0.005} - 1} = 0.1005(\Omega)$$

用电磁式电流表测量交流电流时，不用分流器来扩大量程。这是因为一方面电磁式电流表的线圈是固定的，可以允许通过较大电流；另一方面在测量交流电流由于电流的分配不仅与电阻有关，并且也与电感有关，因此分流器很难制得精确。如果要测量几百安培以上的交流电流时，则利用电流互感器来扩大量程。

二、电压的测量

测量直流电压常用磁电式电压表，测量交流电压常用电磁式电压表。电压表是用来测量电源、负载或某段电路两端的电压的，所以必须和它们并联，如图 4.7.2（a）。为了使电路工作不因接入电压表而受影响，电压表的内阻必须很高。而测量机构的电阻是不大的，所以必须和它串联一个称为倍压器的高值电阻，如图 4.7.2（b），这样就使电压表的量程扩大了。

由图 4.7.2（b）可得

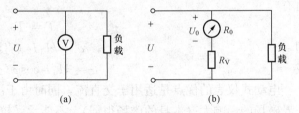

图 4.7.2　直流电压测量电路

(a) 电压表并联；(b) 倍压器串联

$$\frac{U}{U_0} = \frac{R_0 + R_V}{R_0}$$

即

$$R_V = R_0 \left(\frac{U}{U_0} - 1 \right) \qquad (4.7.2)$$

由上式可知，需要扩大的量程越大，则倍压器的电阻应越高。多量程电压表具有几个标有不同量程的接头，这些接头可分别与相应阻值得倍压器串联。电磁式电压表和磁电式电压表都需串联倍压器。

【例 4.7.2】　有一电压表，其量程为 50V，内阻为 2000Ω。今欲使其量程扩大到 300V，问还需串联多大电阻的倍压器？

解

$$R_V = R_0 \left(\frac{U}{U_0} - 1 \right) = 2000 \times \left(\frac{300}{50} - 1 \right) = 10\,000(\Omega)$$

第5章　常用仪器设备的简介与使用

5.1　TPE-AD模拟/数字电子技术学习机

TPE-AD电子技术学习机可完成"模拟电子技术基础"、"数字电子技术基础"课程要求的基本实验，具有模拟/数字综合实验及实用电路的开发实验、元器件测试等多种功能。随机附有详细实验指导书及基本实验所需集成电路芯片。

该学习机采用独特的两用板工艺，正面贴膜，印有原理图及符号；反面为印制导线，焊有相应元器件。使用直观、可靠、维修方便、简捷。

一、技术性能

1. 电源

输入：AC 220V　50Hz

输出：（1）DC ±5V～±12V连续可调，电流0.2A（供模拟电路实验用）。

（2）DC+5V，电流1A（供数字电路实验用）。

以上各路直流电源均有过流保护，自动恢复功能。

2. 信号源

（1）正弦波信号。

频率：分四个点频，即 $f \times 1$、$f \times 10$、$f \times 100$、$f \times 1000$（注：$f \times 1$代表100Hz）。

幅度：0～4V（V_{p-p}）连续可调。

（2）直流信号：双路±5V、±0.5V，两挡连续可调。

（3）脉冲信号。

单脉冲：无抖动正负单脉冲输出，TTL电平。

连续脉冲：固定脉冲4路，分别为：80、40、20、10kHz。

可调脉冲：频率范围1Hz～5kHz（分两挡），TTL电平。

3. 开关和逻辑电平显示

（1）逻辑电平开关：8个。

（2）LED电平显示：8位。

4. LED数码管

2位（不带BCD译码）。

5. 电位器组

4只独立电位器：1k、22k、100k、680kΩ。

6. 模拟电路实验区

模拟电路实验区由单管、双管、差动放大器、负反馈放大器、集成运放及整流、滤波、稳压等电路组成。

7. 插件板

面包板2块。

TPE-AD学习机面板如图5.1.1所示。模拟实验线路区示意图如图5.1.2所示。数字实

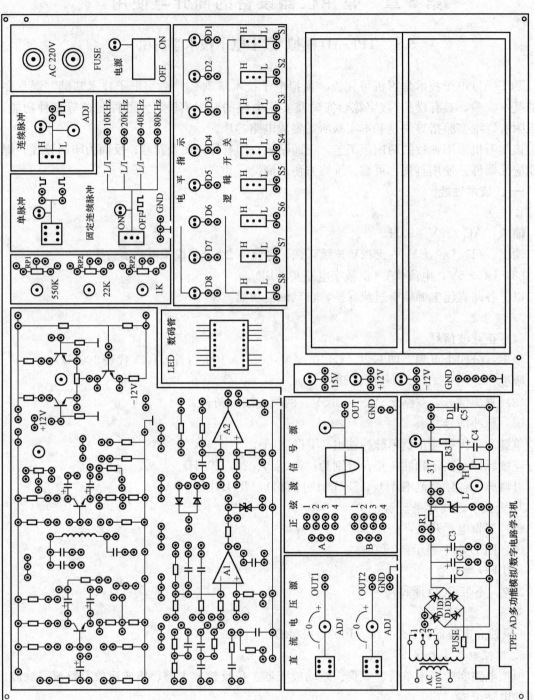

图 5.1.1　TPE-AD 学习机面板

验线路区示意图如图 5.1.3 所示。

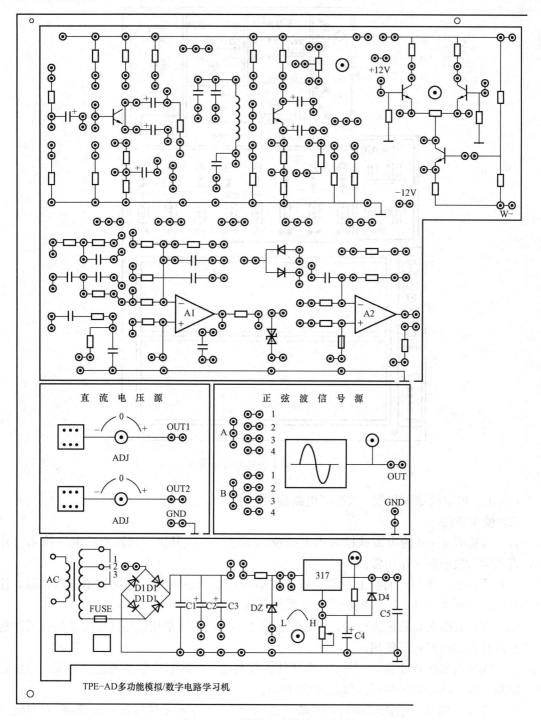

图 5.1.2　模拟实验线路区示意图

二、电路组成

TPE-AD 学习机主要由电源、信号源、电位器组、线路区等几部分组成，其面板如图

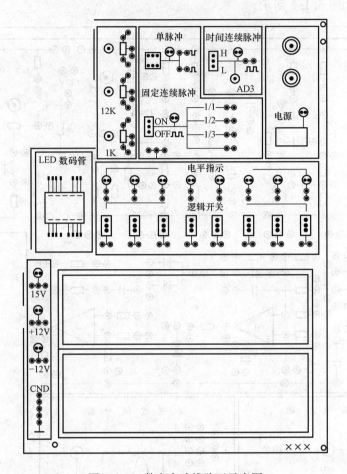

图 5.1.3　数字实验线路区示意图

5.1.1 所示。模拟线路区和数字线路区电路分别如图 5.1.2、图 5.1.3 所示。

三、使用方法

(1) 将标有 220V 的电源线插入市电插座,接通学习机开关,三路直流电源指示灯点亮,表示学习机电源工作正常。

(2) 连接线:学习机面板上及面包板上的插孔应使用直径 $\phi0.5\text{mm}$ 的单股塑料线,注意不要插入直径大于 $\phi0.6\text{mm}$ 的导线和元器件引线。

(3) 有些实验在线路区进行时,可能部分接点不够用,可借用线路区中的备用孔或面包板上的插孔作为转插孔来使用。

(4) 线两端剥线长度为 4~6mm,严禁使硬线受伤,插入时应保持垂直、对准、力度适当,以免将线折断,如导线插入弯曲应及时理直。

(5) 布线:做数字电路实验时,一般应先确定 IC 及分立元件位置,注意 IC 方向应一致。走线应尽可能不要覆盖 IC,尽可能使线整齐,便于检查。一般情况下连线贴近面包板,且短一些为佳。在接通电源前应仔细检查连接线是否正确,特别是电源线不可接错或短路。

（6）实验操作注意：

1）模拟电路实验电路区（左上部）分立器件试验电路 V_{CC} 一般接＋12V，V_{EE} 一般接－12V，为适应有些实验需改变电源电压的要求，V_{CC}、V_{EE} 改为接线设置。

2）运算放大器实验电路已接±12V 电源。

3）左下角电源实验区为双重用途，不做电源实验时只要接通 2-4、7-8、9-12（见实验箱面板），即可作为 1.2～15V（0.2A）可调电源使用。

四、维护及故障排除

1．维护

（1）防止撞击跌落。

（2）用完后拔下电源插头并关闭机箱，防止灰尘、杂物进入机箱。

（3）做完实验后要将线路及面包板上的插件及连线全部整理好。

（4）高温季节使用时连续通电 不要超过 4h。

（5）一般在搭接级线路时不要通电，以防误操作损坏元器件。

2．故障排除

（1）电源无输出。学习机电源初级接有 0.5A 熔断管（在实验箱的右上角）。当输出短路或过载时有可能烧断，更换熔断管时，必须保证同规格。

（2）信号源、电平开关、电平显示部分异常（不符合电平状态或无输出等），检查实验板接线或更换相应器件。

（3）修理学习机时严禁带电操作。

5.2　C5020（HH4310）双踪示波器

HH4310 型示波器是一种双通道示波器。

一、主要技术指标

（1）带宽：20MHz。

（2）垂直偏转因数：5mV/cm～5V/cm，按 1-2-5 顺序分十挡，扩展×5：1mV/cm～1V/cm。误差：≤±5%，扩展×5 时，≤±10%。

（3）扫描时间因数：$0.2\mu s/cm$～0.5s/cm，按 1-2-5 顺序分二十挡，扩展×10 误差：≤±5%，扩展×10 时，≤±15%。

（4）输入阻抗：1MΩ。

（5）最大输入电压：400V（DC＋AC_{P-p}）。

二、HH4310 双踪示波器面板

HH4310 双踪示波器面板如图 5.2.1 所示。

①校准信号（CAL（V_{P-P}））：该输出端供给频率为 1kHz。校准电压为 $0.5V_{P-P}$ 正方波，输出阻抗约为 500Ω。

②电源指示灯。

③电源开关（POWER）：示波器的主电源开关。当此开关按下时，开关上方的指示灯亮，表示电源已接通。

④辉度（INTEN）：控制光点和扫描线的亮度。

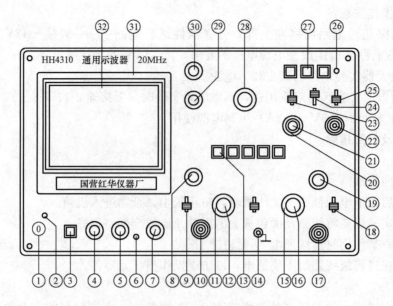

图 5.2.1　HH4310 双踪示波器面板

⑤聚焦（FOCUS）：将扫描线聚成最清晰。

⑥光迹旋转（TRACE ROIATION）：用于调整光迹扫描线，使之平行于刻度线。

⑦标尺亮度（ILLUM）：调节刻度照明的亮度。

⑧、⑲（POSITION）：调节扫描线或光点垂直位移。

⑨、⑱（AC-⊥-DC）：输入信号与垂直放大器连接方式选择开关。"AC"：交流耦合。"⊥"：输入信号与放大器断开，同时放大器输入端接地。"DC"：直流耦合。

⑩Y1 垂直输入端，在 X-Y 工作时作为 Y 轴输入端。

⑪、⑮（V/cm）：灵敏度选择开关，从 5mV/cm～5V/cm 共分 10 挡，用于选择垂直偏转因数。

⑫、⑯（VARIABLE）：灵敏度微调。"拉×5"可调节至面板指示值的 2.5 倍以上；当置"校准"位置时，灵敏度为面板指示值，该旋钮被拉出（×5 扩展状态）时，灵敏度为面板指示值的 1/5。

⑬Y 方式（VERT MODE）：选择垂直系统的工作式。CHI：Y1 单独工作；ALT：Y1 和 Y2 交替工作；CHOP：以频率为 250kHz 的速度轮流显示 Y1 和 Y2，适用低扫速；ADD：测量代数和 Y1＋Y2；CH2：Y2 单独工作。

⑭示波器外壳接地端。

⑰Y2 的垂直输入端。（Y2（X））：在 X-Y 工作时为 X 轴输入端。

⑳释抑（HOLD OFE）。此双联控制旋钮为释抑时间调节。

㉑触发电平调节（LEVEL）：当信号波形复杂，用电平旋钮不能稳定触发时，可用"释抑"旋钮使波形稳定。"电平"旋钮用于调节在信号的任意选定电平进行触发。当旋钮转向"→＋"时，显示波形的触发电平上升，当此旋钮转向"→－"时，触发电平下降。当此旋钮置"锁定"位置时，不论信号幅度大小（从很小的幅度到大幅度），触发电平自动保持在最佳状态，不需要调节触发电平。

㉒外触发（EXT TRIG）：这个输入端作为外触发信号和外水平信号的公用输入端，用此输入时，"触发源"开关（25）应置 EXT 位置。

㉓极性（SLOPE）：选择触发极性。

㉔耦合：选择触发信号和触发电路之间耦合方式，也可选择 TV 同步触发电路的连接方式。"AC"：通过交流耦合，可抑制高于 50kHz 的信号。"TV"：触发信号通过电视同步分离电路连接到触发电路。

㉕触发源（SOURCE）：选择触发信号。"INT"：选择"INT"内部信号作为触发信号，当置 X-Y 工作方式时，起连通信号的作用。"LINE"：交流电源信号作为触发信号。"EXT"：外触发输入端㉒的输入信号作为触发信号。

㉖"准备好"指示灯，用于单次扫描。

㉗扫描方式选择（SWEEP MODE）。"AUTO"：自动，当无触发信号加入，或触发信号频率低于 50Hz 时，扫描为自激方式。"NORM"：常态，当无触发信号加入时，扫描处于准备状态，没有扫描线，主要用于观察低于 50Hz 的信号。"SINGLE"：单次扫描启动，此按钮按下时㉖指示灯亮，单次扫描结束，灯熄灭。

㉙扫描速率开关（TIME/DIV）"t/cm"：选择扫描时间因数。

㉚扫描速率开关微调（VARIABLE）。

㉛位移（POSTION）"←→"：调节扫描线或光点的水平位置。

三、基本操作

将电源线插入交流电源插座之前，按表 5.2.1 设置仪器的开关及控制旋钮（或按键）。

表 5.2.1　　　　设置仪器的开关及控制旋钮

项目	代号	位置设置
电源	③	断开位置
辉度	④	相当于时钟"3 点"位置
聚焦	⑤	中间位置
标尺亮度	⑦	逆时针旋到底
Y 方式	⑭	Y1
↓ ↑ 位移	⑧、⑲	中间位置，推进去
V/cm	⑪、⑮	10mV/cm
微调	⑫、⑯	校准（顺时针旋到底）推进去
AC-⊥-DC	⑧、⑱	AC
内触发	⑭	Y1
触发源	㉕	内
耦合	㉔	AC
极性	㉓	＋
电平	㉑	锁定（逆时针旋到底）

续表

项目	代号	位置设置
释抑	⑳	常态（逆时针旋到底）
扫描方式	㉗	自动
t/cm	㉙	0.5ms/cm
微调	㉚	校准（顺时针旋到底）推进去
←→位移	㉛	中间位置

5.3　MOS-620 20MHz 双踪示波器使用说明

一、简介

MOS-620××系列双踪示波器，最大灵敏度为 1mV/div，最大扫描速度为 $0.2\mu s/div$，并可扩展 10 倍使扫描速度达到 20ns/div。该示波器采用 6 英寸并带有刻度的矩形 CRT，操作简单，稳定可靠。其示意图如图 5.3.1 所示。

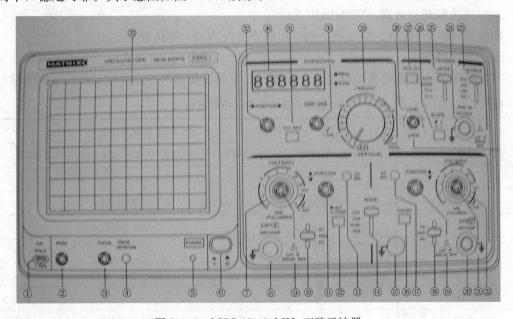

图 5.3.1　MOS-620 20MHz 双踪示波器

二、特性

（1）高亮度及高加速极电压的 CRT。这种示波管速度快，亮度高，加速极电压为 2kV，即使在高速扫描的情况下也能显示清晰的轨迹。

（2）触发电平功能锁定功能。将触发电平锁定在一固定值上，当输入信号幅度，频率变化时无需再调整触发电平及可获得稳定波形。

（3）交替触发功能可以观察两个频率不同的信号波形。

（4）电视信号同步功能。该示波器具有同步信号分离电路，可保持与电视场信号和行信号的同步。

（5）CH1 输出。在后面板上的 50Ω 输出信号可以直接驱动频率计或其他仪器。

（6）Z 轴输入。亮度调制功能可以给示波器加入频率或时间标识，正弦信号轨迹消隐，TTL 匹配。

（7）当设定在 X-Y 操作。当设定在 X-Y 位置时，该仪器可作为 X-Y 示波器，CH1 为水平轴，CH2 为垂直轴。

三、基本操作

1. 单通道操作

接通电源前务必先检查电压是否与当地电网一致，然后交有关控制元件按表 5.3.1 设置。将开关和控制部分设置后，接上电源线后继续。

表 5.3.1　　　　　　　　　　　　　控 制 元 件 设 置

功能	序号	设置
电源（POWER）	⑥	关
亮度（INTEN）	②	居中
聚焦（FOCUS）	③	居中
垂直方式（VERT MODE）	④	通道1
交替/断续（ALT/CHOP）	⑫	释放（ALT）
通道2反向（CH2 INV）	⑯	释放
垂直位置（▲▼ POITION）	⑪、⑲	居中
垂直衰减（VOLTS/DIV）	⑦、㉒	0.5/div
调节（VARIABLE）	⑨、㉑	CAL（校正位置）
AC-GND-DC	⑩、⑱	GND
触发源（Source）	㉓	通道1
极性（SLOPE）	㉖	＋
触发交替选择（TRIG. ALT）	㉗	释放
触发方式 TRIGGER MODE	㉕	自动
扫描时间（TIME/DIV）	㉙	0.5mSec/div
微调（SWP. VRE）	㉚	校正位置
水平位置（◀▶POSITION）	㉜	居中
扫描扩展（X10 MAG）	㉛	释放

（1）电源接通，电源指示灯亮，约 20s 后，屏幕出现光迹。如果 60s 后还没有出现光迹，请重新检查开关和控制旋钮的设置。

（2）分别调节亮度，聚焦，使光迹亮度适中、清晰。

（3）调节通道 1 位移旋钮与轨迹旋转电位器，使光迹与水平刻度平行（用螺丝刀调节迹旋转电位器④）。

（4）用 10：1 探头将校正信号输入至 CH1 输入端。

（5）将 AC-GND-DC 开关设置在 AC 状态。

（6）调聚焦使图形清晰。

（7）对于其他信号的观察，可通过调整垂直衰减开关，扫描时间到所需的位置，从而得到清晰的图形。

（8）调整垂直和水平位移旋钮，使得波形的幅度与时间容易读出。

以上为示波器最基本的操作，通道 2 的操作与通道 1 的操作相同。

2. 双通道的操作

改变垂直方式到 DUAL 状态，于是通道 2 的光迹也会出现在屏幕上（与 CH1 相同），这时通道 1 显示一个方波（来自校正信号输出的波形），而通道 2 则仅显示一个直线，因为没有信号接到该通道。现在将校正信号接到 CH2 的输入端与 CH1 一致，将 AC-GND-DC 开关设置到 AC 状态，调整垂直位置⑪和⑲是两通道的波形，释放 ALT/CHOP 开关（置于 ALT 方式），CH1 与 CH2 上的信号以 250kHz 的速度独立的显示在屏上，此设定用于观察扫描时间较长的两路信号。在进行双通道操作时（DUAL 或加减方式），必须通过触发信号源的开关来选择通道 1 或通道 2 的信号作为触发信号。如果 CH1 与 CH2 的信号同步，两个波形都会稳定显示出来；反之，则仅有触发信号源的信号可以稳定地显示出来。如果 TRIG/ALT 开关按下，则两个波形会同时稳定地显示出来。

3. 加减操作

通过设置"垂直方式开关"到"加"的状态，可以显示 CH1 与 CH2 信号的代数和，如果 CH2 INV 开关别按下则为代数减。为了得到加减的精确值，两个通道的衰减设置必须一致。垂直位置可以通过"▲▼位置键"来调整。鉴于垂直放大器的线性变化，最好将设置改为旋钮的中间位置。

4. 触发源的选择

正确的选择触发源对于有效地使用示波器是至关重要的，用户必须十分熟悉触发源的选择功能及工作次序。

（1）MODE 开关。

1）AUTO：当为自动模式时，扫描发生器自由产生一个没有触发信号的扫描信号；当有触发信号时，它会自动转换到触发扫描，通常第一次观察一个波形时，将其设置于"AUTO"，当一个稳定的波形被观察到以后，再调整其他设置。当其他控制部分设定好以后，通常将开关设回到"NORM"触发方式，因为该方式更加灵敏，当测量直流信号或更小信号时必须采用"AUTO"方式。

2）NORN：常态，通常扫描器保持在静止状态，屏幕上无光迹现实。当触发信号经过由"触发电平开关"设置的阀门电平时，扫描一次。之后扫描器又回到静止状态，直到下一次被触发。在双综显示"ALT"与"NORM"扫描时，除非通道 1 与通道 2 都有足够的触发电平，否则不会显示。

3）TV-V：电视行，当需要观察一个整场的电视信号时，将 MODE 开关设置到 TV-V，对电视信号的场信号进行同步，扫描时间通常设定到 2ms/div（一帧信号）或 5ms/div（一场两帧隔行扫描信号）。

4）TV-H：电视行，对电视信号的行信号进行同步，扫描时间通常为 $10\mu s/div$ 显示几行信号波形，可以用微调旋钮调节，扫描时间到需要的行数。送入示波器的同步信号必须是负极的。

（2）触发信号源的功能。为了在屏幕上显示一个稳定的波形，需要给触发电路提供一个与显示信号在时间上有关连的信号，触发源开关就是来选择该触发信号的。

1）CH1/CH2：大部分情况下采用的内触发模式。送到垂直输入端的信号在预放以前分一支到触发电路中。由于触发信号就是测试信号本身，因此显示屏上会出现一个稳定的波形。在 DUAL 或 ADD 方式下，触发信号由触发源开关来选择。

2）LINE：用交流电源的频率作为触发信号。这种方法对于测量与电源频率有关的信号十分有效，如音响设备的交流噪音，可控硅电路等。

3）EXT：用外来信号驱动扫描触发电路。该外来信号因与要测的信号有一定的时间关系，波形可以更加独立地显示出来。

（3）触发电平和极性开关。当触发信号通过一个预置的阀门电平时会产生一个触发信号。调整处罚电平旋钮可以改变该电平，向"＋"方向时，阀门电平向正方向移动。向"－"方向时，阀门电平向负方向移动，当在中间位置时，阀门电平设定在信号的平均值上。触发电平可以调节扫描起点在波形的任意位置上。对于正弦信号，起始相位是可变的。注意：如果触发电平的调节过正或过负，也不会产生扫描信号，因为这是触发电平已经超过了同步信号的幅值。极性触发开关设置在"＋"时，上升沿触发，极性触发开关设置在"－"时，下降沿触发。

（4）触发电平锁定。顺时针调节触发电平旋钮㉘到底，听到咔嚓一声后，触发电平被锁定在一固定值，此时改变信号幅度，频率不需要调整。

（5）触发交替开关。当垂直方式选定在双踪显示时，该开关用于交替触发和交替显示（适用与 CH1、CH2 或相加方式）。在交替方式下，每一个扫描周期，触发信号交替一次，这种方式有利于波形幅度、周期的测试，甚至可以观察两个在频率上并无联系的波形。但不适合二相位和时间对比的测量。对于此测量，两个通道必须采用同一步信号触发。在双踪显示时，如果"CHOP"和"TRIG、ALT"同时按下，则不能同步显示，因为"CHOP"信号成为触发信号。请使用"ALT"方式或直接选择 CH1 或 CH2 作为触发信号源。

5. 扫描速度控制

调节扫描速度旋钮，可以选择想要观察的波形个数。如果屏幕上显示的波形过多，则调节扫描时间更快一些，如果屏幕只有一个周期的波形，则可以减慢扫描时间。当扫描速度太快时，屏幕上只能观察到周期信号的一部分。如对于一个方波信号可能在屏幕上显示的只是一条直线。

6. 扫描扩展开关

当需要观察一个波形的一部分时，通常需要很高的扫描速度，但是如果想要观察的部分远离扫描的起点，则要观察的波形可能已经显示到屏幕以外了，这时就需要使用扫描扩展开关。当扫描扩展开关按下后，显示的范围会扩展 10 倍，这时的扫描速度：（"扫描速度开关"上的值）×1/10。例如，usec/divsk 可以扩展到 100nsec/div。

7. X-Y 操作

将扫描速度开关设定在 X-Y 位置时，示波器工作方式为 X-Y。

X—轴：CH1 输入。Y—轴：CH2 输入。注意：当高频信号在 X-Y 方式时，应注意 X 与 Y 轴的频率、相位上的不同。

X-Y 方式允许示波器进行常规示波器所不能做的很多测试。CRT 可以显示一个电子图形或两个瞬时的电平。它是两个电平趋势的比较。就像向量示波器显示视频彩条图形。如果使用一个传感器将有关参数（频率、温度、速度等）转换成电压的话，X-Y 方式就可以显示几乎任何一个动态参数的图形。一个通用的例子就是频率响应的测试。这里 Y 轴对应是信号幅度显示，X 轴对应于频率显示。

5.4　SP164 系列型函数信号发生器/计数器使用说明

一、概述

SP164 系列型函数信号发生器/计数器是一种精密的测试仪器，因其具有连续信号、扫频信号、函数信号、脉冲信号，可输出单脉冲信号、点频正弦信号等，得到多种输出信号和外部测频等功能，因此定名为 SP1641E、SP1641D、SP1641B 型函数信号发生器/计数器。

图 5.4.1 所示为函数信号发生器/计数器面板图。整机电路由一片单片机进行管理，主要工作：控制函数发生器产生的频率；控制输出信号的波形；测量输出的频率或测量外部输入的频率并显示；测量输出信号的幅度并显示。函数信号由专用的集成电路产生，该电路集成度大，线路简单精度高并易于与微机接口，使得整机指标得到可靠保证。扫描电路由多片运算放大器组成，以满足扫描宽度、扫描速率的需要。宽带直流功放电路的选用，保证输出信号的带负载能力以及输出信号的直

图 5.4.1　函数信号发生器/计数器面板图

流电平偏移，均可受面板电位器控制。整机电源采用线性电路以保证输出波形的纯净性，具有过压、过流、过热保护。

二、技术指标

其技术指标如见表 5.4.1。

表 5.4.1　　　　　　　　　SP164 系列型函数信号发生器/计数器技术指标

项　目	技　术　参　数	
输出频率	0.1－3MHZ（SP1641E，SP1641D）0.1－20MHZ（SP1641B） 按十进制分类共分八挡，每挡均以频率微调电位器调	
输出阻抗	函数输出，点频输出	50Ω
	TTL/CMOS，单脉冲输出	600Ω
	函数输出	正弦波、三角波、方波（对或非对称）
	TTL/CMOS 输出	脉冲波（CMOS 输出 $f \leqslant 100kHz$）
	函数输出（1M）负载）	不衰减（$1V_{p-p} \sim 20V_{p-p}$）$\pm 10\%$连续可调
		衰减 20dB（$0.1 \sim 2V_{p-p}$）$\pm 10\%$连续可调
		衰减 40dB（$10 \sim 200mVV_{p-p}$）$\pm 10\%$连续可调

续表

项　目		技　术　参　数
		衰减 60dB（1～20mVV_{p-p}）±10％连续可调
	TTL 输出（负载电阻≥600Ω）	"0" 电平≤0.8，"1" 电平≥1.8（负载电阻≥600Ω）
	CMOS 输出（负载电阻≥2kΩ）	"0" 电平≤0.8，"1" 电平≥5～15V 连续可调
函数输出信号直流电平（offest）调节范围		关或（−10～＋10V）±10％（1MΩ 负载） "关" 位置时输出信号所携带的直流电瓶为：<0V±0.1V 负载电阻为 50Ω 时，调节范围为（−5～＋5V）±10％
函数输出信号衰减		0/20/40/60dB（0dB 衰减即为不衰减）
输出信号类型		单频信号、扫频信号、调频信号（受外控制）
函数输出非对称性（SYM）调节范围		关或 20％～80％ "关" 位置时输出波形为对称波形，误差：≤2％
幅度显示	显示位数	三位（小数点自动定位）
	显示单位	V_{p-p}或 mVV_{p-p}
	显示误差（f≤MHz）	
	分辨率	0.1V_{p-p}（衰减 0dB），10mVV_{p-p}（衰减 20dB），1mVV_{p-p}（衰减 40dB），0.1mVV_{p-p}（衰减 60dB）
频率显示	显示范围	0.1Hz～20 000kHz
	显示有效位数	五位，（1K 倍率挡以下四位）
点频输出		600Ω
单脉冲输出（TTL 电平）		正弦波、三角波、方波（对或非对称）
功率输出（SP1641D）		脉冲波（CMOS 输出 f≤100kHz）

频率计数器使用时的技术参数值见表 5.4.2。

表 5.4.2　　　　　　　　频率计数器使用时的技术参数值

项　目		技　术　参　数
频率测量范围		0.1Hz～50MHz
输入电压范围（衰减度为 0dB）		150mV～2V（0.1Hz～1Hz）
		30mV～2V（1Hz～50MHz）
输入阻抗		500kΩ/30pF
波形适应性		正弦波、方波
滤波器截止频率		大约 100kHz（带内衰减，满足最小输入电压要求）
测量时间		0.3s（f_i>3Hz）
		单个被测信号周期（f_i≤3Hz）
显示方式	显示范围	0.100Hz～50 000kHz
	显示有效位数	五位

三、前面板说明

（1）频率显示窗口。显示输出信号的频率或外测频信号的频率。

（2）幅度显示窗口。显示函数输出信号和功率输出信号的幅度。

（3）扫描宽度调节旋钮。调节此电位器可调节扫频输出的频率范围。在外测频时，逆时针到底（绿灯亮），为外输入测量信号经过低通开关进入测量系统。

（4）扫描速率调节旋钮。调节此电位器可以改变内扫描的时间长短。在外测频时，逆时针到底（绿灯亮），为外输入测量信号经过衰减"20dB"进入测量系统。

（5）扫描/记数输入插座。当"扫描/记数键⑬"功能选择在外扫描状态或外测频功能时，外扫描控制信号或外测频信号由此输入。

（6）点频输出端。输出频率为100Hz的正弦信号，输出幅度 $2V_{p-p}$（$-1V \sim +1V$），输出阻抗50Ω。

（7）函数信号输出端。输出多种波形受控的函数信号，输出幅度 $20V_{p-p}$（1MΩ负载），$10V_{p-p}$（50Ω负载）。

（8）函数信号/功率信号输出幅度调节旋钮。

电压输出：调节范围20dB。

功率输出：调节范围0～5W输出功率。

（9）函数输出信号直流电平偏移调节旋钮。

调节范围：$-5V \sim +5V$（50Ω负载），$-10V \sim +10V$（1MΩ负载）。当电位器处在关位置时，则为0电平。

输出波形对称性调节旋钮。

调节此旋钮可改变输出信号的对称性。当电位器处在关位置时，则输出对称信号。

（10）函数信号/功率信号输出幅度衰减开关。"20dB"、"40dB"键均不按下，输出信号不经衰减，直接输出到插座口。"20dB"、"40dB"键分别按下，则可选择"20dB"或"40dB"衰减。两键同时按下，则可进行"60dB"衰减。

（11）函数输出波形选择按钮。可选择正弦波、三角波、脉冲波输出。

（12）"扫描/记数"按钮。可选择多种扫描方式和外测频方式。

（13）频率微调旋钮。调节此旋钮可微调输出信号频率，调节基数范围为从＞0.1到＜3。

（14）倍率选择按钮。每按一次此按钮可递减输出频率的1个频段。

（15）倍率选择按钮。每按一次此按钮可递增输出频率的1个频段。

（16）整机电源开关。此按键按下时，机内电源接通，整机工作。此键释放为关掉整机电源。

（17）单脉冲按钮。按此钮可输出TTL高电平（指示灯亮），再按此钮输出TTL低电平（指示灯灭）。

（18）单脉冲信号输出端。通过单脉冲按钮输出TTL跳变电平。

（19）5W功率输出端（仅SP1641D具有）。可输出5W功率的正弦信号，输出幅度调节参照上述（2）、（8）、（11）说明。输出频率同主函数调节。

（20）电源插座。交流市电220V输入插座，内置保险丝容量为0.5A。

（21）TTL/CMOS电平调节。调节旋钮，"关"为TTL电平，打开则为CMOS电平，输出幅度可从5V调节到15V。

（22）TTL/CMOS输出插座。

四、使用方法

1. 测量、测验的准备工作

请先检查市电电压，确认市电电压在 220V±10％范围内，方可将电源线插头插入本仪器后面板电源线插座内，供仪器随时开启工作。

2. 自校检查

在使用本仪器进行测试工作之前，可对其进行自校检查，以确定仪器工作正常与否。

3. 函数信号输出

（1）50Ω 主函数信号输出。

（2）以终端连接"50Ω 匹配器"的测量电缆，又前面板插座输出函数信号。

（3）由"频率选择按钮"或选定输出函数信号的频段，由"频率微调旋钮"调整输出信号频率，直到所需的工作频率值。

（4）由"波形选择按钮"选定输出函数的波形分别获得正弦波、三角波、脉冲波。

（5）由"信号幅度选择器"和选定和调节输出信号的幅度。

（6）由"信号电平设定器"选定输出信号所携带的直流电平。

（7）输出"波形对称调节器"可改变输出脉冲信号空度比，与此类似，输出波形为三角或正弦时，可使三角波变为锯齿波，正弦波变为正与负半周不同角频率的正弦波形，且可移相 180°。

5.5　XD2C 与 XD2 型低频信号发生器

XD2C 型低频信号发生器是 XD2 型的改进型，其功能比 XD2 多，除了有正弦波信号输出，还增加了方波输出、测频功能、频率显示功能。正弦波最大输出电压 6V。它是一种 RC 正弦振荡器，能产生 1Hz～1MHz 的正弦波电压。

一、主要技术特性

（1）频率范围（分六个频段）：1Hz～1MHz。

"1"—1Hz～10Hz

"2"—10Hz～100Hz

"3"—100Hz～1kHz

"4"—1kHz～10kHz

"5"—10kHz～100kHz

"6"—100kHz～1MHz

（2）频率的基本误差：±1％～±1.5％。

（3）频率漂移（预热 30 分钟后）：在 1h 内，<0.1％～0.4％。

（4）频率特性：<±1.0dB。

（5）非线性失真（20Hz～20kHz）：<1％。

（6）输出幅度：>5V。

（7）输出衰减（粗衰减器）：0～90 分贝（dB）。

（8）功率消耗：<20VA。

该信号发生器的缺点是其输出阻抗（相当于信号源的内阻）随衰减值的不同而改变。

二、原理结构

XD2C原理框图如图5.5.1所示。R_1、C_1 和 R_2、C_2 组成文氏电桥振荡器的正反馈支路，R_3 和 R_4 组成文氏电桥振荡器的负反馈支路，其中 R_3 由一个热敏电阻和一个电位器串联而成。

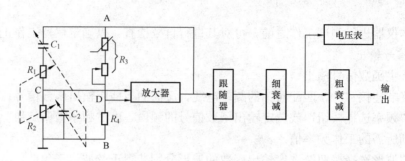

图 5.5.1　XD2C 原理框图

注意：图 5.5.1 中电阻和电容编号不是仪器中的元件编号。

振荡频率：当 $R_1 = R_2 = R$，$C_1 = C_2 = C$ 时，$f_o = 1/2\pi RC$。

三、使用方法

（1）接通电源，指示灯亮，预热 30min。

（2）频率调节：将"频率范围"开关置于所需频率段，"频率调节"三个旋钮（X1、X0.1、X0.01）调到所需频率（三位有效数字）。

（3）输出幅度调节：输出电压 1mV～6V，可由仪器面板"电压表头"直接指示出来，调节"输出细调"旋钮，便于得到所需的电压值。

如果输出 200mV 以下的小信号时，可再用"输出衰减"进行适当衰减，这时实际输出电压为表头电压指示值除以所选衰减器 dB 值的"电压衰减倍数"值。具体可用表 5.5.1 进行对照，也可以用晶体管交流毫伏表直接测量。

表 5.5.1　　　　　　　　　　　　电压衰减倍数对照表

输出衰减	电压衰减倍数	电压表满偏时实际输出电压值
0dB	不衰减	5V
10	3.16	1.58V
20	10.0	0.50V
30	31.6	0.16V
40	100	0.05V
50	316	0.016V
60	1000	5mV
70	3160	1.58mV
80	10000	0.50mV
90	31600	0.16mV

四、面板功能说明

XD2C 信号发生器面板图如图 5.5.2 所示。其正弦波输出使用方法与 XD2 相同，输出方波时注意"波形选择⑫"按键。

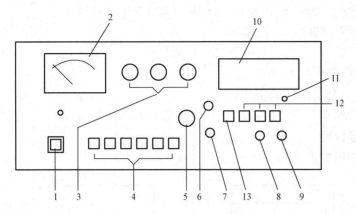

图 5.5.2 XD2C 信号发生器面板图

图 5.5.2 中说明如下：

1—电源开关；2—表头；3—频率调节；4—频率范围；5—输出衰减；

6—脉宽调节旋钮；7—幅度调节旋钮；8—频率计外测输入；9—输出端子；

10—频率计显示；11—过载指示；12—波形选择；13—频率内外测量选择

5.6 SX2172 型交流毫伏表

SX2172 型交流毫伏表用于测量频率为 5Hz～2MHz，电压为 $100\mu V$～300V 的正弦波有效值电压。

本仪器是由 60dB 衰减器、输入保护电路、阻抗转换电路、10dB 步进衰减器、前置放大器、表放大器、表电路、监视放大器和稳压电源电路组成。

本仪器具有测量准确度高、频率影响误差小、输入阻抗高的优点，且换量程不用调零，使用方便；有交流电压输出，能作为宽频带、低噪声、高增益放大器或其他电子仪器的前置放大器。

一、技术参数

（1）交流电压测量范围：$100\mu V$～300V。

（2）仪器共分十二挡量程：1、3、10、30、100、300mV，1、3、10、30、100、300V。

（3）dB 量程分十二挡量程：-60、-50、-40、-30、-20、-10dB，0、$+10$、$+20$、$+30$、$+40$、$+50$dB。本仪器采用两种电压刻度（0dB=1V，0dB=0.775V）。

（4）电压固有误差：满刻度的 $\pm2\%$（1kHz）。

（5）基准条件下的频率影响误差（以 1kHz 为基准）：5Hz～2MHz$\pm10\%$；10Hz～500kHz$\pm5\%$；20Hz～100kHz$\pm2\%$。

（6）输入电阻：1～300mV，8M$\Omega\pm10\%$；1～300V，$\pm10\%$。

（7）输入电容：1～300mV，小于 45pF；1～300V 小于 30pF。

（8）最大输入电压：AC 峰值$+$DC=600V。

（9）噪声：输入短路时小于 2%（满刻度）。

（10）输出电压：在每一个量程上，当指针指示满刻度"1.0"位置时，输出电压应为

1V（输出端不接负载）。

（11）频率特性：10Hz～500kHz，－3dB（以1kHz为基准）。

（12）输出电阻：600Ω 允差±20％。

（13）失真系数：在满刻度上小于1％（1kHz）。

（14）工作温度范围：0～40℃。

（15）工作湿度范围：小于90％。

（16）电源：220V 允差±10％；50/60Hz；2.5W。

二、面板功能说明

交流毫伏表面板如图5.6.1所示。

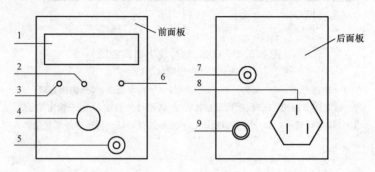

图5.6.1　交流毫伏表面板图

1—表头；2—表头机械零调节螺丝；3—电源开关；4—量程选择开关；
5—信号输入端；6—电源指示灯；7—放大器输出端；8—电源插座；9—接地柱

三、使用方法

（1）机械零指示调整。当电源关断时，如果表头指针不是在零上，用绝缘起子调节机械螺丝，使指针置于零。

（2）该仪器因最大输入电压为 AC 峰值＋DC＝600V，若大于600V的峰值电压加到输入端，可能破坏部分电路。

（3）输入波形。这个仪器给出的指示按正弦波的有效值校准，因此输入电压波形的失真会引起读数不准确。

（4）感应噪声。当被测量的电压很小时，或者测量电压源阻抗很高时，外部噪声感应使指示不正常，可利用屏蔽线减少或消除噪声干扰。

四、操作方法

（1）通电以前，应先检查电表指针是否在零上，如果不在零上，用调节螺丝调整到零。

（2）插入电源。

（3）预先把量程开关置于300V量程上。

（4）电源开关打到"开"上，指示灯亮。电源加上后大约5s仪器将稳定。

（5）交流电压的测量。当输入端加上测量电压时，表头指示读数如果小于满刻度的30％，可逆时针方向转动量程旋钮逐渐地减小电压量程，当指针大于满刻度的30％又小于满刻度时读出示值。在刻度上有两个最大的电压校准"1"和"3"。表5.6.1说明了"量程"旋钮的位置与电压刻度之间的关系。

表 5.6.1   **"量程"旋钮的位置与电压刻度之间的关系**

量程	刻度	倍乘器	电压(V)/刻度
300V	0—3	100	10V
100V	0—1	100	2V
30V	0—3	10	1V
10V	0—1	10	0.2V
3V	0—3	1	0.1V
1V	0—1	1	0.02V
300mV	0—3	100	10mV
100mV	0—1	100	2mV
30mV	0—3	10	1mV
10mV	0—1	10	0.2mV
3mV	0—3	1	0.1mV
1mV	0—1	1	0.02mV

5.7 双路晶体管直流稳压电源

WYJ-202 为具有两路输出的晶体管低压直流稳压电源，输出电压稳定，纹波小，各路输出均浮地，本机装有电压表和电流表，可对各路输出进行监测，另外各路输出均具有短路保护，工作安全可靠。仪器的主要工作指标如下。

（1）输出电压范围：

1）每路 0～30V，分为六挡连续可调。

2）两路输出各自独立。

（2）输出电流：各路均为 0～2A。

（3）电压调整率≤$5×10^{-4}$。

（4）动态电阻≤0.05Ω。

（5）输出纹波电压≤0.5mV。

（6）保护形式：减流式自动恢复保护电路。

（7）工作条件：交流输出时电压 220V±10%。

当将电源的工作选择开关置于"关"时，两路输出均无输出；当选择开关置于"Ⅰ"或"Ⅱ"位置时，电源方可在"Ⅰ输出"或"Ⅱ输出"，输出彼此独立的 0～30V、2A 连续可调的电压。

在各路输出状态中，电源的输出电压调节部分为电压粗调和电压细调。面板上的"粗调"旋钮供电压粗调用，"细调"可在电压粗调范围内调整 5V 电压，供使用者做精调电压用。

电源面板上有两只电表，通过开关选择使用其中一路的输出电压和电流。

电源内设有保护电路。当输出超载或短路时能使输出电流迅速减少，起到保护电源的作用，使电源不至于损坏。当过载或短路排除后，电源自动恢复正常输出。

5.8　调压变压器的使用

调压变压器是一种精密的自耦变压器，能平滑地调节输出电压，具有效率高、波形不失真、能长期运行等特点。

调压变压器的主要结构是在环型铁心上绕制的一组电感线圈，在其上部端上，把漆包线的漆刮去一部分使铜线裸露，用电刷与之接触。在电感线圈通电时，若改变电刷位置，可使电刷与输入端之间的电压发生改变，这个电压就作为接触调压器的输出电压。

调压变压器的接线原理如图 5.8.1 所示，其输入端"A"（"2"）与"X"（"1"）接交流 220V 输入，输出"x"（"3"）与"a"（"4"）接负载，其中"X"（"1"）与"x"（"3"）是接在一起的公共端。"a"是滑动触点的输出端。接线时务必把公共端"X"接电源的零线，输入端"A"接电源的相线。这样当调压变压器输出调到零时，负载与零线同电位，即使人体与负载接线接触，也不会触电。

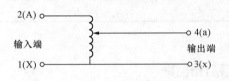

图 5.8.1　调压变压器的接线原理

接线时必须先判别电源的相线和零线（中线），要注意输入端与输出端，决不能接错。

调压变压器在使用前，应把调压器手盘逆时针方向旋转到零，即旋到输出电压为零的位置。通电以后，再平稳地把输出电压调到所需的数值，断电时应先将调压器手盘逆时针方向旋转到零，再断电，即应养成随手把调压器输出调到零的习惯。

搬动调压器时不得用手轮或旋钮，而应用提手或将整个设备提起移动，否则会产生不良后果。

5.9　功率表的使用方法

一、功率表的接线规则

功率表也称为瓦特表。它通常有两个电流量程和三个电压量程，分别根据被测负载的电流和电压的最大值来选择。功率表是否过载，不能仅仅根据表的指针是否超过满偏来确定。因为当功率表的电流线圈没有电流时，即使电压线圈已过载而将要烧坏，功率表的读数都仍然是零；反之亦然。所以，必须保证功率表的电流线圈和电压线圈都不过载。功率表接入电路示意图如图 5.9.1 所示（图中电流量程选择 1A，电压量程选择 300V）。

表盘上标记"*"的端钮分别称为电流线圈和电压线圈的发电机端（或对应端）。电流线圈与负载串联，其发电机端"*I"要和电源的一端相接，电压线圈与负载并联，其发电机端"*U"要接在和电流线圈等电位处，即接在"*I"端或"I"端，这样才能保证两线圈的电流都从发电机端流入，使功率标指针作正向偏转。图 5.9.2 所示为实验室另一功率表 D-51 型的接线方法。

二、功率表的读数方法

在多量程功率表中，刻度盘上只有一条标尺，它不标瓦特数，只标分格数，因此功率表

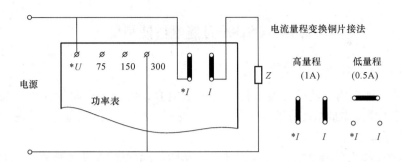

图 5.9.1　功率表接入电路示意图

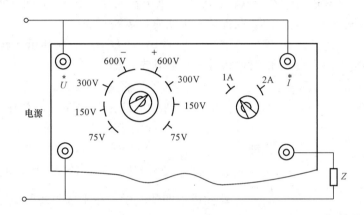

图 5.9.2　D-51 型的接线方法

须按下列公式换算得出，即

$$P = C\alpha$$

式中　P——被测功率，W；

　　　C——电表功率常数，W/div；

　　　α——电表偏转格数。

　　普通功率表的功率常数为

$$C = \frac{U_n \times I_n}{\alpha_m}$$

式中　U_n——电压线圈额定量程；

　　　I_n——电流线圈额定量程；

　　　α_m——标尺满刻度总格数。

　　【例 5.9.1】 D26-W 型功率表的标尺满刻度总格数为 125 格，若电压量程选择 250V，电流量程选择 1A，则电表的功率常数为

$$C = \frac{250 \times 1}{125} = 2(\text{W/div})$$

　　如果测量时指针偏转 20 格，则负载所消耗的功率为

$$P = C \times \alpha = 2 \times 20 = 40(\text{W})$$

5.10　QS18A 万能电桥使用说明

一、概述

QS18A 是一种使用方便的音频电桥，可测量电容、电感、电阻等元件的参数，其内部采用高频交流电源，测量精度较高。

二、工作原理

为了使操作者能更好地熟悉和使用本仪器，以四臂电桥的工作原理作一简单介绍。

图 5.10.1 为四臂电桥的原理图，由桥臂阻抗 Z_x、Z_a、Z_b、Z_c 组成，桥臂阻抗 Z 在一般情况下是复数，也就是由电容、电感、电阻任意组合而成。在 a、b 两端加上电压后一般情况下 c、d 两点间有电位差，因此在指示器中便有电流流过。

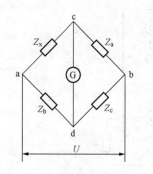

图 5.10.1　四臂电桥的原理图

若使 $U_c - U_d = 0$，即 $U_{cd} = 0$，则指示器就没有电流流过，此时电桥处于平衡状态，即

$$Z_x Z_c = Z_a Z_b$$

这样可以得到一个结论：在四臂电桥中当电桥平衡时，必须是相对两个桥臂的阻抗乘积相等，这是电桥法的基本原理。

如果桥臂中 Z_x、Z_c、Z_a、Z_b 均为电阻，那么，$R_x = \dfrac{R_a R_b}{R_c}$，就构成了四臂电桥，在平衡电桥时只要调节桥臂的一个参数就可使电桥平衡。

如果在电桥两个桥臂接入电抗元件，另两个桥臂接电阻，即

$$Z_x = R_x + jX_x \qquad Z_a = R_a$$
$$Z_c = R_c \qquad Z_b = R_b + jX_b$$

根据电桥平衡条件有

$$Z_x Z_c = Z_a Z_b$$

即

$$(R_x + jX_x)R_c = R_a(R_b + jX_b)$$

经整理，并分别使实数与虚数部分相等，得

$$R_x = \frac{R_a R_b}{R_c} \tag{5.10.1}$$

$$X_x = \frac{R_a X_b}{R_c} \tag{5.10.2}$$

在上面两组方程式中式 (5.10.1) 可得出被测元件的有功分量，式 (5.10.2) 中可得出被测元件的无功分量。因此，当桥臂接有阻抗元件的四臂电桥，就要分别调节桥臂的两个参数才能使电桥平衡。

三、使用方法

1. 面板功能说明

QS18A 万能电桥面板图如图 5.10.2 所示。

①被测端钮。被测元件应直接或通过测量线接在此端钮（测量较小的元件时，须扣除导线的残余量）。被测端钮"1"表示高电位，"2"表示低电位。

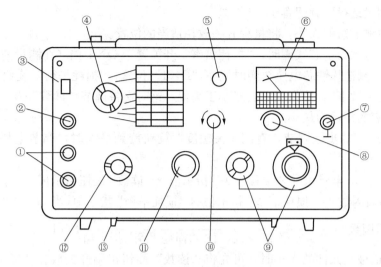

图 5.10.2　QS18A 万能电桥面板图

②外接插孔。此插孔的用途有：在测量有极性的电容和铁心电感时，如需要外部迭加直流偏量时，可通过此插孔连接于桥体；当使用外部的音频振荡器时，可通过"外接"导线连接到此插孔（此时应把"③"项拨向"外"的位置）。

③ 拨动开关。凡使用机内 1kHz 的信号，应把此开关拨向"内 100Hz"的位置；当外接插孔施加外音频讯号时，应把此开关拨向"外"的位置。

④量程开关。用来选择量程范围，各档标示值为电桥读数在满度时的最大值。

⑤损耗倍率开关。用来扩展损耗平衡的读数范围用，在一般情况下，测量空芯电感线圈时，此开关放在 Q 位置；测量一般电容（小损耗）时，开关放在 D×0.01 位置；测量损耗值较大的电容器时放在 D×1 位置。

⑥指示电表。用来作为电桥平衡指示用。在调节电桥平衡过程中，观察此指示电表的动向，应使之向"0"方向偏转，当指针最接近零点时，电桥即达到平衡状态。

⑦接壳端钮。此端钮与本电桥的机壳相连。

⑧灵敏度旋钮。用来控制电桥放大器的放大倍数，即指示电表的灵敏度，在初始调节电桥平衡时，要降低灵敏度使代表指示小于满刻度。在使用时应逐步增大灵敏度，调节电桥到最终平衡。

⑨读数旋钮。在调节电桥平衡时，应调节这两个读数盘，第一位读数盘的步级是 0.1，第二、三位读数由连续可变电位器指示。

⑩损耗平衡。被测元件的损耗读数（电容电感）由此旋钮指示，此读数数盘上的指示值乘以损耗倍率开关的示值，即为损耗示值。

⑪损耗微调。旋钮"⑪"的辅助旋钮。

⑫测量选择。由此旋钮来进行测量线路的转换，若测电容则此旋钮应放在"C"处，测电感应放在"L"处，测 10Ω 以内的电阻应放在 $R \leqslant 10$ 处，测量 10Ω 以上的电阻应放在 $R > 10$ 处，测量完毕后切记把此旋钮放在"关"处，以免缩短机内电池寿命。

2. 测量方法

（1）测量电感。其步骤如下：

1）将"测量选择"旋钮置于"L"处。

2）估计被测电感的大小，将量程开关放在适当的位置。

3）当被测电感为空芯线圈时，"损耗倍率"开关置于 Q×1 挡（在测量高 Q 线圈时放在 D×0.01 位置，测迭片铁芯电感线圈时放在"D×1"位置；"损耗平衡"旋钮置于 1 位置。

4）增大"灵敏度"，使指示电表略小于满偏，这时交替调节"读数"及"损耗平衡"旋钮，使指示电表的指示为最小。

5）反复按 4）的步骤调节，直到"灵敏度"旋钮旋到最大时，调节电桥平衡，则元件的参数为

$$电感量 = "量程开关"指示值 \times "读数"旋钮指示值$$

$$品质因数 = "损耗倍率"指示值 \times "损耗平衡"指示值（当 Q \times 1 时）$$

$$品质因数 = \frac{1}{"损耗倍率"指示值 \times "损耗平衡"指示值}（当 D \times 0.01 时）$$

如果不知道被测元件的大小时，可先将"读数"旋钮粗调开关放在"0"位置，"读数"微调滑线盘旋到"0.05"位置，并增大"灵敏度"旋钮使电表指示在 $30\mu A$ 左右，然后将"量程开关"由 $10\mu H$、$100\mu H$ 到 100H 逐挡变换，同时观察电表动向，哪一挡指示电表的指示最小，"量程开关"就应放在这一挡上，然后就可以按步骤进行测量了。

（2）测量电容。测量一般电容时，"损耗倍率"开关放在 D×0.01；测大电解电容时，放在 D×1。其测量方法请参阅上述电感的测量步骤。

$$被测电容的电容量 C_x = "量程开关"指示值 \times "读数"旋钮指示值$$

$$损耗值 = "损耗倍率"指示值 \times "损耗平衡"指示值$$

（3）电阻测量。当被测电阻 $R \leqslant 10\Omega$ 时，选择 $R \leqslant 10\Omega$ 挡；当 $R > 10\Omega$ 时，选择 $R > 10\Omega$ 挡。其测量方法参阅电感的测量方法，只是这时"损耗倍率"、"损耗平衡"、"损耗微调"等旋钮不再有用。

$$被测量 R_x = "量程开关"指示值 \times "读数"旋钮指示值$$

第6章 电子电路测量技术的基本知识

6.1 干 扰 源

对测量仪器有影响的干扰，主要有如下几种。

1. 热电动势（直流）

测量电路中的接点、线绕电位器的动点、电子元件的引线和印刷电路板布线等各种金属的结合点间，由于温度差产生热电动势。

2. 交流电源设备及电源线

大多数测量仪器是用交流电源供电工作的，因此，交流电源装置及电源线最易受到各种干扰的影响，其中大多数是工频（50Hz）或高频（调制波）干扰。

3. 电气型干扰（日光灯、焊接机等）

这些干扰的频带并具有脉冲性质，因此类干扰强，测量仪器很容易受它感应，所以不易克服。

4. 无线电波、无线电收发两用机（高频波）

此类电磁波感应的干扰，经非线性元件检波后表现为低频，而影响测量仪器。

6.2 误差分析与测量结果的处理

一、测量误差的来源

1. 仪器、仪表的误差

此误差为所用测量仪器、仪表不准确所引起的基本误差。

2. 环境误差

此误差为所用测量仪器、仪表未按规定的条件使用，因环境温度、电源、频率、波形、外界电磁场等因素的影响产生的附加误差。

3. 方法误差

此误差为测量方法不完善或理论不严密所产生的，即凡是在测量结果的表达式中没有得到反映的因素，而实际上这些因素又起作用所引起的误差。

4. 疏失误差

此误差属于实验者本身原因所引起的误差，例如，估计读数始终偏大或偏小等。

二、误差表示方法

误差表示方法可分为绝对误差和相对误差两种。

1. 绝对误差

绝对误差等于测量值与其真值之差，即

$$\Delta X = X - A_0$$

式中　ΔX——绝对误差；

　　　X——测量值（指示值）；

A_O——被测参量的客观存在值（真值），它一般无法得到，只能尽量逼近。

通常用高一级的标准仪器测量的示值 A 来代替 A_O，则

$$\Delta X = X - A$$

测量前，测量仪器应由高一级的标准仪器进行校正，校正量常用修正值 C 表示。利用修正值便可得到该仪器所测得的实际值，有

$$A = X + C$$

修正值常以表格、曲线或公式的形式给出。

2. 相对误差

用绝对误差表示时，由于在测量不同大小的被测量值时，不能简单地用它来判断准确程度。例如，测 100V 电压时，$\Delta X_1 = +1\text{V}$；在测 10V 电压时，$\Delta X_2 = +0.5\text{V}$，虽然 $\Delta X_1 >$ ΔX_2，可实际上 $\Delta X_1 = +1\text{V}$，只占被测量的 1%，而 $\Delta X_2 = +0.5$，却占被测量的 5%，显然，在测 10V 时，其误差对测量结果的相对影响更大。为此，在工程上通常采用相对误差来比较测量结果的准确程度。

相对误差是绝对误差与真值之比值，用百分数表示，即

$$\delta = (\Delta X / A) \times 100\%$$

相对误差是一个只有大小和符号，而无量纲的量。

引用误差 γ_m 是测量仪表量程内最大绝对误差 ΔX_m 与仪表量程 Y_m 的百分比，即

$$\gamma_m = (\Delta X_m / Y_m) \cdot 100\%$$

引用误差是以测量仪表的量程而不是测量值来表示相对误差的。这一指标通常用来表示仪表本身的精度而不是测量精度，仪表的精度等级就是用引用误差来确定的，如 0.5 级的电表，表明 $\gamma_m \leqslant 0.5\%$。

由上式知在仪表量程内测量结果的最大绝对误差 ΔX_m 与量程 Y_m 的关系为

$$\Delta X_m = \gamma_m \cdot Y_m$$

而相对误差 $\delta = \Delta X / A$，所以最大相对误差

$$\delta_m = \Delta X_m / A = (\gamma_m \cdot Y_m) / A$$

由于量程 Y_m 总是比 A 大，所以相对误差 δ 总是大于仪表引用误差 γ_m。当示值 A 很小而量程 Y_m 很大时，$\delta \gg \gamma_m$。可见，当仪表精度等级 γ_m 选定后，测量示值 A 越接近仪表量程 Y_m，测量越准确。所以用仪表进行测量时，一般总是使示值尽可能在满量程刻度 1/2 以上。

三、测量结果的处理

测量结果通常用数字或图形表示，下面分别讨论。

1. 测量结果的数字处理

（1）有效数字。由于存在误差，所以测量的数据总是近似值，它通常由可靠数字和欠准数字两部分组成。例如，由电表测得电压 35.7V，这是个近似数，35 是可靠数字而末尾 7 为欠准数字，即 35.7 为三位有效数字。

对于有效数值的正确表示，应注意如下几点：

1）有效数字是指从左边第一个非零的数字开始，直到右边最后一个数字为止的所有数字。例如，测得的频率为 0.023 6MHz，它是由 2、3、6 三个有效数字组成的频率值，而左边两个零不是有效数字，可以写成 $2.36 \times 10^{-2}\text{MHz}$，也可以写成 23.6kHz，而不能写成 23 600Hz。

2）如已知误差，则有效值的位数应与误差相一致。例如，设仪表误差为±0.01V，测得电压为 14.352V，其结果就写作 14.35V。

3）当给出误差有单位时，测量数据的写法应与其一致。

（2）数据舍入规则。为使正、负舍入误差的机会大致相等，传统的方法是采用四舍五入的办法。

（3）有效数字的运算规则。当测量结果需要进行中间运算时，有效数字的取舍，原则上取决于参与运算的各数中精度最差的那一项。一般应遵循以下规则。

1）当几个近似值进行加、减运算时，在各数中（采用同一个计量单位），以小数点后的位数最少的那一个数（如无小数点，则以有效值最小者）为准，其余各数均舍入至比该数多一位，而计算的结果所保留的小数点位数，应与各数中小数点后位数最少者的位数相同。

2）进行乘法运算时，以有效数值位数最少的那一个数为准，其余各数及积（或商）均舍入至比该因子多一位，而与小数点位置无关。

3）将数平方或开方后，结果可比原数多保留一位。

4）若计算式中出现如 e、π 等常数时，可根据具体情况来决定它们应取的位数。

2. 曲线的处理

在分析两个或多个物理量之间的关系时，用曲线比用数字、公式表示常常更形象和直观。因此，测量结果常要用曲线来表示。

在实际测量过程中，由于各种误差的影响，测量数据将出现离散现象，如将测量点直接连接起来，将不是一条光滑的曲线，而是呈波动的折线状，如图 6.2.1 所示。但利用有关的误差理论，可以把各种随机因素引起的曲线波动抹平，使其成为一条光滑、均匀的曲线，这个过程称为曲线的修正。

在要求不太高的测量中，常采用一种简便、可行的工程方法——分组平均法来修匀曲线，这种方法是将各数据点分成若干组，每组含 2～4 个数据点，然后分别取各组的几何重心，再将这些重心连接起来。图 6.2.2 就是每组取 2～4 个数据点进行平均后的修匀曲线。这条曲线由于进行了数据平均，在一定程度上减少了偶然误差的影响，使之较为符合实际情况。

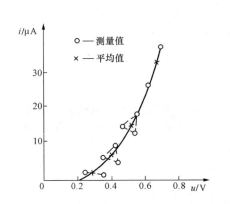

图 6.2.1　直接连接测量点的曲线的波动情况

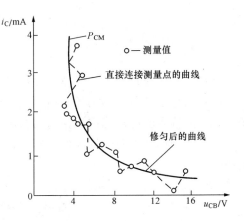

图 6.2.2　分组平均法修匀曲线

对电子电路实验误差分析与数据处理应注意几点。

（1）实验前应尽量做到心中有数，以便及时分析测量结果的可行性。

（2）在时间允许时，每个参数应多测几次，以便搞清实验过程中引入系统误差的因素，尽可能提高测量的准确度。

（3）应注意测量仪器、元件的误差范围对测量的影响，通常所读得的示值与测量值之间应该有

测量值＝示值＋误差

的关系，因此测量前对测量仪器的误差及检定、校准和维护情况应有所了解，在记录测量值时要注明有关误差，或决定测量的有效位数。

（4）正确估计方法误差的影响。电子电路中采用的理论公式常常是近似公式，这将带来方法误差，其次计算公式中元件的参数一般都用标称值（而不是真值），这将带来随机性的系统误差，因此应考虑理论计算值的误差范围。

（5）应注意剔除疏失误差。

6.3　系统增益或衰减的测量

系统的响应量与激励量的强度比称为系统的增益或衰减。其中功率增益或衰减是指输出功率 P_o 与输入功率 P_i 之比。

图 6.3.1 线性系统增益（或衰减）测量原理图

图 6.3.1 为线性系统增益（或衰减）测量原理图。其中信号发生器向被测系统提供幅度和频率可调的正弦信号；检测器为电压表、电流表、功率计或示波器。将开关 S 分别置 "1" 和 "2" 挡，便可测出系统的输入和输出信号强度，从而计算系统的增益（或衰减）。在测量过程中，应用示波器监视输出波形不失真，测得的 A_p、A_v、A_i 分别为

$$A_p = 10\lg \frac{P_o}{P_i}(\text{dB})$$

$$A_u = 20\lg \frac{U_o}{U_i}(\text{dB})$$

$$A_i = 20\lg \frac{I_o}{I_i}(\text{dB})$$

测量增益（或衰减）的注意事项如下。

（1）信号发生器的输出频率应调到被测系统通频带的中间频率，输出电压应调到被测系统所允许的输入电压范围内，不可使被测系统过载，以免使输出信号失真或损坏被测系统。

（2）要依据被测系统的工作频率、输入及输出电压的变化范围及其输出阻抗选择适当的检测器。

6.4　系统频率特性的测量

1. 幅频特性测量

幅频特性又称频响，是指系统转移电压比的频率响应，即系统对不同信号频率的幅度响

应，一般可用逐点法测量，也可用扫频仪测量。

逐点法测量频响就是固定系统的输入信号幅度，用检测器（电压表或示波器）逐点测量系统对应不同输入频率时的输出电压，然后做出系统电压幅度响应随信号频率变化的关系曲线。

用扫频仪测量是由扫频信号发生器在可调的上、下限频率之间提供一个频率随时间呈线性变化（或对数变化）而幅度恒定的正弦波，并作为频率扫描信号加到被测系统的输入端，然后检波电路检出被测系统对应不同频率时输出信号幅度的包迹，再经放大后回到 Y 轴，而将频率扫描信号加到 X 轴。通过示波器和 XY 记录仪便可显示被测系统的幅频特性曲线。

2. 相频特性测量

系统的相频特性是指系统输出电压与输入电压间的相位差随信号频率的变化关系。

相位差的测量方法较多，用示波器测量相位可用外同步法、李沙育图形法、圆扫描法等。用示波器测相位差速度慢，而且不精确。当进行大量的或准确的相位测量时，应选用专门测量仪器。

6.5　系统输入、输出电阻的测量

1. 输入电阻的测量

系统的输入电阻为电路输入端正弦输入电压与输入电流之比。它反映了被测系统对信号源所呈现的负载效应。

输入阻抗的测量可用专门的阻抗测量仪器，也可用半电压法和分压法。

图 6.5.1 所示为线性系统输入的半电压法测量原理图，保持信号发生器的输出电压不变，调节电阻 R_W，使被测系统的输出电压降为未接 R_W（R_W 短路）时的一半，则此刻的 R_W 值即为被测系统的输入电阻值。

用分压法测系统的输入电阻，请参看放大器实验中的有关内容。

图 6.5.1　线性系统输入的半电压法测量原理图

2. 输出电阻的测量

系统的输出电阻 R_o 是利用等效电源定理将被测系统等效为一个电压源时的内阻，其值为被测系统的输出开路电压与短路电流之比，它是衡量被测系统带负载能力的重要指标。R_o 越小，负载两端压降越接近被测系统的开路电压，被测系统带负载的能力越强。

系统输出电阻的测量同样可用专门的阻抗测量仪器，也可以用半电压法和分压法。

用半电压法测 R_o 如图 6.5.2 所示，先将 S 置 "1" 挡，测出被测系统的输出电压，再将 S 置 "2" 挡，调 R_W 使被测系统输出电压减半，则此时的 R_W 值即为 R_o 值。

用分压法测 R_o。在放大实验中已有介绍，不再重复。

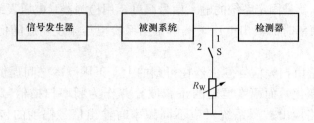

图 6.5.2　用半电压法测输出电阻

附录　常用元器件功能及引脚简介

附录 1　部分常用数字集成电路功能表

1. 74LS48 BCD 七段译码器/驱动器

附表 1.1　　　　　　74LS48 BCD 七段译码器/驱动器功能表

十进制数或功能	输入							输出							显示
	LT	RBI	D	C	B	A	BI/RBO	a	b	c	d	e	f	g	
0	1	1	0	0	0	0	1	1	1	1	1	1	1	0	0
1	1	×	0	0	0	1	1	0	1	1	0	0	0	0	1
2	1	×	0	0	1	0	1	1	1	0	1	1	0	1	2
3	1	×	0	0	1	1	1	1	1	1	1	0	0	1	3
4	1	×	0	1	0	0	1	0	1	1	0	0	1	1	4
5	1	×	0	1	0	1	1	1	0	1	1	0	1	1	5
6	1	×	0	1	1	0	1	1	0	1	1	1	1	1	6
7	1	×	0	1	1	1	1	1	1	1	0	0	0	0	7
8	1	×	1	0	0	0	1	1	1	1	1	1	1	1	8
9	1	×	1	0	0	1	1	1	1	1	1	0	1	1	9
10	1	×	1	0	1	0	1	0	0	0	1	1	0	1	c
11	1	×	1	0	1	1	1	0	0	1	1	0	0	1	ɔ
12	1	×	1	1	0	0	1	0	1	0	0	0	1	1	u
13	1	×	1	1	0	1	1	1	0	0	1	0	1	1	=
14	1	×	1	1	1	0	1	0	0	0	1	1	1	1	t
15	1	×	1	1	1	1	1	0	0	0	0	0	0	0	暗
BI	×	×	×	×	×	×	0	0	0	0	0	0	0	0	暗
RBI	1	0	0	0	0	0	0	0	0	0	0	0	0	0	暗
LT	0	×	×	×	×	×	1	1	1	1	1	1	1	1	亮

说明：

（1）灯测试输入 LT。当 LT＝0，BI/RBO＝1 时，不管 RBI、D、C、B、A 输入是什么状态，a～g 全为 1，所有段全亮，显示 8。因此，可作检验数码管和电路用。

（2）灭灯输入 BI。当 BI＝0，不论 LT、RBI 及 D、C、B、A 状态如何，a～g 全为 0，显示管熄灭，因此，灭灯输入端 BI 可用作对显示与否的控制，例如闪字，与一同步信号联动显示等。

（3）动态灭零输入 RBI。当 RBI＝0 时，只有在 LT＝1，且 DCBA＝0000 时，a～g 才均为 0，各段熄灭，用于不需显示零的场合。例如：一个七位显示器"1985"，如不消前面的零，就会显示出"0001985"，为利用 RBI 端，则将前三位的 RBI 端接地，就可达到显示要求。

（4）动态灭零输出 RBO。RBO 是输出，它与 BI 并在一起，它在灭灯输入 BI＝0 或动态灭零输入 RBI＝0，且 LT＝1，DCBA＝0000 时，方输出 0。用它与 RBI 配合，可方便消去混合小数的前零和无用的尾零。

2. 74LS74　双 D 触发器（↑）

3. 74LS75　四位双稳态锁存器

附表 1.2　74LS74　双 D 触发器（↑）功能表

输　　　入				输　　出	
$\overline{R}_D$	$\overline{S}_D$	CLK	D	Q	$\overline{Q}$
0	1	×	×	0	1
1	0	×	×	1	0
0	0	×	×	1	1
1	1	↑	0	0	1
1	1	↑	1	1	0
1	1	0	×	不　　变	

附表 1.3　74LS75　四位双稳态锁存器

输　　入		输　　出	
D	E	Q	$\overline{Q}$
0	1	0	1
1	1	1	0
×	0	不　　变	

4. 74LS76　双 JK 触发器（负沿触发）

附表 1.4　　　　　　　74LS76　双 JK 触发器（负沿触发）

输　　　　　入					输　　出	
$\overline{S}_d$	$\overline{R}_d$	CLK	J	K	Q	$\overline{Q}$
0	1	×	×	×	1	0
1	0	×	×	×	0	1
0	0	×	×	×	1	1
1	1	↓	0	0	保　　持	
1	1	↓	0	1	0	1
1	1	↓	1	0	1	0
1	1	↓	1	1	反　　转	

5. 74LS90 异步 2-5-10 进制计数器（↓）

附表 1.5　74LS90 异步 2-5-10 进制计数器
真值表 I（注 1）

输入	输出（8421）			
	Q_D	Q_C	Q_B	Q_A
0	0	0	0	0
1	0	0	0	1
2	0	0	1	0
3	0	0	1	1
4	0	1	0	0
5	0	1	0	1
6	0	1	1	0
7	0	1	1	1
8	1	0	0	0
9	1	0	0	1

注　将 Q_A 与 CLK_1 连接，从 CLK_0 送 CP。

附表 1.6　74LS90 异步 2-5-10 进制计数器
真值表 II（注 2）

输入	输出（5421）			
	Q_A	Q_D	Q_C	Q_B
0	0	0	0	0
1	0	0	0	1
2	0	0	1	0
3	0	0	1	1
4	0	1	0	0
5	1	0	0	0
6	1	0	0	1
7	1	0	1	0
8	1	0	1	1
9	1	1	0	0

注　将 Q_D 与 CLK 0 连接，从 CLK_1 送 CP。

附表 1.7　　　　　　　　　　　复 0 置 9 及计数功能表

输　入				输　出			
R_0 (1)	R_0 (2)	S_9 (1)	S_9 (2)	Q_D	Q_C	Q_B	Q_A
1	1	0	×	0	0	0	0
1	1	×	0	0	0	0	0
×	×	1	1	1	0	0	1
×	0	×	0	计　数			
0	×	0	×	计　数			
0	×	×	0	计　数			
×	0	0	×	计　数			

6. 74LS112　双 J-K 触发器（↓）

附表 1.8　　　　　　　　74LS112　双 J-K 触发器（↓）功能表

输　入					输　出	
$\overline{S}_d$	$\overline{R}_d$	CLK	J	K	Q	$\overline{Q}$
0	1	×	×	×	1	0
1	0	×	×	×	0	1
0	0	×	×	×	1	1
1	1	↓	0	0	保　持	
1	1	↓	0	1	0	1
1	1	↓	1	0	1	0
1	1	↓	1	1	反　转	

7. 74LS122 可再触发单稳、多谐振荡器

74122 为可重复触发的单稳触发器，它具有两个负跳变触发输入和两个正跳变触发输入端，以及互补输出端。

若在输出脉冲结束之前，输入重复触发脉冲，则输出脉冲宽度加宽。但重复触发脉冲与前一触发脉冲的时间间隔应大于 $0.22C_T$ ns。也可从清除输入端 C_T 输入清除脉冲使输出脉冲中止，而不依赖计时元件。

外接定时电容和电阻与输出脉冲宽度的取值可按下式

$$t_W = 0.32R_T C_T(1 + 0.7/R_T)$$

式中：t_W(out) 单位为 ns；R_T 单位为 kΩ；C_T 单位为 pF。

附表 1.9　　　　　　　　　　74LS122 可再触发单稳、多谐振荡器功能表

输入端					输出端	
CP	A_1	A_2	B_1	B_2	Q	$\overline{Q}$
0	×	×	×	×	0	1
×	1	1	×	×	0	1
×	×	×	0	×	0	1
×	×	×	×	0	0	1
1	0	×	↑	1	⊓	⊔
1	0	×	1	↑	⊓	⊔
1	×	0	↑	1	⊓	⊔
1	×	0	1	↑	⊓	⊔
1	1	↓	1	1	⊓	⊔
1	↓	↓	1	1	⊓	⊔
1	↓	1	1	1	⊓	⊔
↑	0	×	1	1	⊓	⊔
↑	×	0	1	1	⊓	⊔

8. 74LS139 双 2/4 线译码器/分配器

附表 1.10　　　　　　　　　　74LS139 双 2/4 线译码器/分配器功能表

输　　入			输　　出			
允许 $\overline{E}$	选择		Y_0	Y_1	Y_2	Y_3
	B	A				
1	×	×	1	1	1	1
0	0	0	0	1	1	1
0	0	1	1	0	1	1
0	1	0	1	1	0	1
0	1	1	1	1	1	0

9. 74LS138　3/8 线译码器/分配器

附表 1.11　　　　　**74LS138　3/8 线译码器/分配器功能表**

输　入					输　出							
允许		选择										
E_3	E_1+E_2	C	B	A	Y_0	Y_1	Y_2	Y_3	Y_4	Y_5	Y_6	Y_7
×	1	×	×	×	1	1	1	1	1	1	1	1
0	×	×	×	×	1	1	1	1	1	1	1	1
1	0	0	0	0	0	1	1	1	1	1	1	1
1	0	0	0	1	1	0	1	1	1	1	1	1
1	0	0	1	0	1	1	0	1	1	1	1	1
1	0	0	1	1	1	1	1	0	1	1	1	1
1	0	1	0	0	1	1	1	1	0	1	1	1
1	0	1	0	1	1	1	1	1	1	0	1	1
1	0	1	1	0	1	1	1	1	1	1	0	1
1	0	1	1	1	1	1	1	1	1	1	1	0

* $G=E_1+E_2$。

10. 74LS150　16 选 1 数据选择器/多路开关

附表 1.12　　　　　**74LS150　16 选 1 数据选择器/多路开关功能表**

输　入					输　出 Y
D	C	B	A	S	
×	×	×	×	1	1
0	0	0	0	0	D_0
0	0	0	1	0	D_1
0	0	1	0	0	D_2
0	0	1	1	0	D_3
0	1	0	0	0	D_4
0	1	0	1	0	D_5
0	1	1	0	0	D_6
0	1	1	1	0	D_7
1	0	0	0	0	D_8
1	0	0	1	0	D_9
1	0	1	0	0	D_{10}
1	0	1	1	0	D_{11}
1	1	0	0	0	D_{12}
1	1	0	1	0	D_{13}
1	1	1	0	0	D_{14}
1	1	1	1	0	D_{15}

11. 74LS151 8选1数据选择器/多路开关

附表 1.13　　　　　　　**74LS151　8选1数据选择器/多路开关功能表**

输　　入				输　　出	
A	B	C	$\bar{E}$	Z	$\bar{Z}$
×	×	×	1	0	1
0	0	0	0	I_0	$\bar{I}_0$
0	0	1	0	I_1	$\bar{I}_1$
0	1	0	0	I_2	$\bar{I}_2$
0	1	1	0	I_3	$\bar{I}_3$
1	0	0	0	I_4	$\bar{I}_4$
1	0	1	0	I_5	$\bar{I}_5$
1	1	0	0	I_6	$\bar{I}_6$
1	1	1	0	I_7	$\bar{I}_7$

12. 74LS153 双4选1数据选择器/多路开关

附表 1.14　　　　　　　**74LS153　双4选1数据选择器/多路开关功能表**

选择输入		数据输入				选通脉冲输入	输出
B	A	I_0	I_1	I_2	I_3	E	Y
×	×	×	×	×	×	1	0
0	0	0	×	×	×	0	0
0	0	1	×	×	×	0	1
0	1	×	0	×	×	0	0
0	1	×	1	×	×	0	1
1	0	×	×	0	×	0	0
1	0	×	×	1	×	0	1
1	1	×	×	×	0	0	0
1	1	×	×	×	1	0	1

13. 74LS154 4/16 线译码器/多路分配器

附表 1.15　　　　　　　**74LS154　4/16 线译码器/多路分配器功能表**

输　　入						输　　出															
G_1	G_2	D	C	B	A	Y_0	Y_1	Y_2	Y_3	Y_4	Y_5	Y_6	Y_7	Y_8	Y_9	Y_{10}	Y_{11}	Y_{12}	Y_{13}	Y_{14}	Y_{15}
0	0	0	0	0	0	0	1	1	1	1	1	1	1	1	1	1	1	1	1	1	1
0	0	0	0	0	1	1	0	1	1	1	1	1	1	1	1	1	1	1	1	1	1
0	0	0	0	1	0	1	1	0	1	1	1	1	1	1	1	1	1	1	1	1	1
0	0	0	0	1	1	1	1	1	0	1	1	1	1	1	1	1	1	1	1	1	1
0	0	0	1	0	0	1	1	1	1	0	1	1	1	1	1	1	1	1	1	1	1

续表

输　入						输　出															
G_1	G_2	D	C	B	A	Y_0	Y_1	Y_2	Y_3	Y_4	Y_5	Y_6	Y_7	Y_8	Y_9	Y_{10}	Y_{11}	Y_{12}	Y_{13}	Y_{14}	Y_{15}
0	0	0	1	0	1	1	1	1	1	1	0	1	1	1	1	1	1	1	1	1	1
0	0	0	1	1	0	1	1	1	1	1	1	0	1	1	1	1	1	1	1	1	1
0	0	0	1	1	1	1	1	1	1	1	1	1	0	1	1	1	1	1	1	1	1
0	0	1	0	0	0	1	1	1	1	1	1	1	1	0	1	1	1	1	1	1	1
0	0	1	0	0	1	1	1	1	1	1	1	1	1	1	0	1	1	1	1	1	1
0	0	1	0	1	0	1	1	1	1	1	1	1	1	1	1	0	1	1	1	1	1
0	0	1	0	1	1	1	1	1	1	1	1	1	1	1	1	1	0	1	1	1	1
0	0	1	1	0	0	1	1	1	1	1	1	1	1	1	1	1	1	0	1	1	1
0	0	1	1	0	1	1	1	1	1	1	1	1	1	1	1	1	1	1	0	1	1
0	0	1	1	1	0	1	1	1	1	1	1	1	1	1	1	1	1	1	1	0	1
0	0	1	1	1	1	1	1	1	1	1	1	1	1	1	1	1	1	1	1	1	0
×	1	×	×	×	×	1	1	1	1	1	1	1	1	1	1	1	1	1	1	1	1
1	×	×	×	×	×	1	1	1	1	1	1	1	1	1	1	1	1	1	1	1	1

14. 74LS160 四位十进制同步计数器（异步清零）

附表 1.16　　　74LS160 四位十进制同步计数器（异步清零）功能表

输　入						输　出	说　明
R_D	EP	ET	L_D	CLK	$D_3 D_2 D_1 D_0$	$Q_3 Q_2 Q_1 Q_0$	高位在左
0	×	×	×	×	××××	0000	强迫清除
1	×	×	0	↑	D C B A	D C B A	置数在 CLK↑ 完成
1	0	×	1	×	××××	保持	不影响 O_C 输出
1	×	0	1	×	××××	保持	ET=0，O_C=0
1	1	1	1	↑	××××	计数	十进制进位方式

注 只有当 CLK=1 时，EP、ET 才允许改变状态。

15. 74LS161 四位二进制同步计数器（异步清零）

附表 1.17　　　74LS161 四位二进制同步计数器（异步清零）功能表

输　入						输　出	说　明
R_D	EP	ET	L_D	CLK	$D_3 D_2 D_1 D_0$	$Q_3 Q_2 Q_1 Q_0$	高位在左
0	×	×	×	×	××××	0000	强迫清除
1	×	×	0	↑	D C B A	D C B A	置数在 CLK↑ 完成
1	0	×	1	×	××××	保持	不影响 O_C 输出
1	×	0	1	×	××××	保持	ET=0，O_C=0
1	1	1	1	↑	××××	计数	二进制进位方式

注 只有当 CLK=1 时，EP、ET 才允许改变状态。

16. 74LS162 四位十进制同步计数器（同步清零）

附表 1.18   74LS162 四位十进制同步计数器（同步清零）功能表

输　入									输　出			
CLK	R_D	L_D	EP	ET	D_0	D_1	D_2	D_3	Q_0	Q_1	Q_2	Q_3
↑	0	×	×	×	×	×	×	×	0	0	0	0
↑	1	0	×	×	A	B	C	D	A	B	C	D
×	1	1	0	×	×	×	×	×	保持			
×	1	1	×	0	×	×	×	×	保持			
↑	1	1	1	1	×	×	×	×	计数			

注 只有当 CLK=1 时，EP、ET 才允许改变状态。

17. 74LS163 四位二进制同步计数器（同步清零）

附表 1.19   74LS163 四位二进制同步计数器（同步清零）功能表

输　入									输　出			
CLK	R_D	L_D	EP	ET	D_0	D_1	D_2	D_3	Q_0	Q_1	Q_2	Q_3
↑	0	×	×	×	×	×	×	×	0	0	0	0
↑	1	0	×	×	A	B	C	D	A	B	C	D
×	1	1	0	×	×	×	×	×	保持			
×	1	1	×	0	×	×	×	×	保持			
↑	1	1	1	1	×	×	×	×	计数			

注 只有当 CLK=1 时，EP、ET 才允许改变状态。

18. 74LS164 8 位并行输出串行移位寄存器（异步清零）

附表 1.20   74LS164 8 位并行输出串行移位寄存器（异步清零）功能表

输　入				输　出				说明
R	CLK	A	B	Q_0	Q_1	⋯	Q_7	
0	×	×	×	0	0	⋯	0	异步清零
1	0	×	×	Q_{0n}	Q_{1n}	⋯	Q_{7n}	不变
1	↑	1	1	1	Q_{0n}	⋯	Q_{6n}	右移
1	↑	0	×	0	Q_{0n}	⋯	Q_{6n}	右移
1	↑	×	0	0	Q_{0n}	⋯	Q_{6n}	右移

19. 74LS192 双时钟可预置 BCD 同步加/减计数器

附表 1.21   74LS192 双时钟可预置 BCD 同步加/减计数器功能表

输　入								输　出			
R	L_D	CLKU	CLKD	D_3	D_2	D_1	D_0	Q_3	Q_2	Q_1	Q_0
1	×	×	×	×	×	×	×	0	0	0	0
0	0	×	×	D	C	B	A	D	C	B	A
0	1	↑	1	×	×	×	×	加法计数			
0	1	1	↑	×	×	×	×	减法计数			

20. 74LS193 双时钟可预置二进制同步加/减计数器

附表 1.22　　　　　74LS193 双时钟可预置二进制同步加/减计数器功能表

输　　入								输　　出			
R	L_D	CLKU	CLKD	D_3	D_2	D_1	D_0	Q_3	Q_2	Q_1	Q_0
1	×	×	×	×	×	×	×	0	0	0	0
0	0	×	×	D	C	B	A	D	C	B	A
0	1	↑	1	×	×	×	×	加法计数			
0	1	1	↑	×	×	×	×	减法计数			

21. 74LS194　四位双向通用移位寄存器

附表 1.23　　　　　　74LS194　四位双向通用移位寄存器功能表

输　　入										输　　出			
R	控制方式		CLK	连续移动		数据（并行）				Q_0	Q_1	Q_2	Q_3
	S_1	S_0		左移 SL	右移 SR	D_0	D_1	D_2	D_3				
0	×	×	×	×	×	×	×	×	×	0	0	0	0
1	×	×	0	×	×	×	×	×	×	Q_{0n}	Q_{1n}	Q_{2n}	Q_{3n}
1	1	1	↑	×	×	a	b	c	d	a	b	c	d
1	0	1	↑	×	1	×	×	×	×	1	Q_{0n}	Q_{1n}	Q_{2n}
1	0	1	↑	×	0	×	×	×	×	0	Q_{0n}	Q_{1n}	Q_{2n}
1	1	0	↑	1	×	×	×	×	×	Q_{1n}	Q_{2n}	Q_{3n}	1
1	1	0	↑	0	×	×	×	×	×	Q_{1n}	Q_{2n}	Q_{3n}	0
1	0	0	×	×	×	×	×	×	×	Q_{0n}	Q_{1n}	Q_{2n}	Q_{3n}

22. CD4013　双 D 触发器（↑）

附表 1.24　　　　　　CD4013　双 D 触发器（↑）功能表

CLK	D	R	S	Q	$\overline{Q}$
↑	0	0	0	0	1
↑	1	0	0	1	0
↓	×	0	0	保持	
×	×	1	0	0	1
×	×	0	1	1	0
×	×	1	1	1	1

23. CD4027　双 JK 触发器（↑）

附表 1.25　　　　　　CD4027　双 JK 触发器（↑）功能表

J	K	S	R	CLK	Q^{n+1}
0	0	0	0	↑	Q^n
0	1	0	0	↑	0
1	0	0	0	↑	1
1	1	0	0	↑	$\overline{Q}^n$
×	×	0	1	↑	0
×	×	1	0	↑	1
×	×	0	0	↓	Q^n

24. CD4017　2-10 进制计数器/脉冲分配器

附表 1.26　　　　　　　　　**CD4017　2-10 进制计数器/脉冲分配器功能表**

CLK	E_N	R	Q_n	功能	CLK	E_N	R	Q_n	功能
×	×	1	$Q_0=1$	复位	1	↓	0	$Q_{n+1}=1$	计数
0	×	0	$Q_n=1$	保持	↓	×	0	$Q_n=1$	保持
×	1	0	$Q_n=1$	保持	×	↑	0	$Q_n=1$	保持
↑	0	0	$Q_{n+1}=1$	计数					

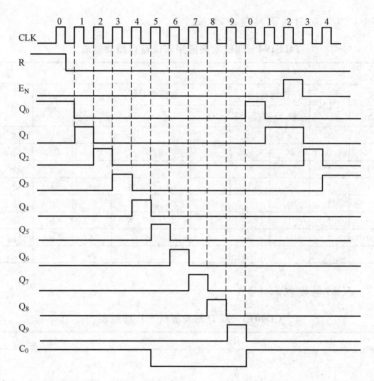

附图 1.1　2-10 进制计数器/脉冲分配器 CD4017 时序图
R—复位、CLK—时钟、E_N—时钟禁止、C_0—进位输

25. CD4051 单 8 通道模拟转换器

附表 1.27　　　　　　　　　**CD4051 单 8 通道模拟转换器功能表**

输入状态				接通通道
INH	C	B	A	
0	0	0	0	0
0	0	0	1	1
0	0	1	0	2
0	0	1	1	3
0	1	0	0	4
0	1	0	1	5
0	1	1	0	6
0	1	1	1	7
1	×	×	×	无

26. CD4511　BCD 七段锁存译码器

附表 1.28　　　　　　　　**CD4511　BCD 七段锁存译码器功能表**

输　入							输　出							显示
LE	$\overline{BI}$	$\overline{LT}$	D	C	B	A	a	b	c	d	e	f	g	
×	×	0	×	×	×	×	1	1	1	1	1	1	1	8
×	0	1	×	×	×	×	0	0	0	0	0	0	0	灭灯
0	1	1	0	0	0	0	1	1	1	1	1	1	0	0
0	1	1	0	0	0	1	0	1	1	0	0	0	0	1
0	1	1	0	0	1	0	1	1	0	1	1	0	1	2
0	1	1	0	0	1	1	1	1	1	1	0	0	1	3
0	1	1	0	1	0	0	0	1	1	0	0	1	1	4
0	1	1	0	1	0	1	1	0	1	1	0	1	1	5
0	1	1	0	1	1	0	0	0	1	1	1	1	1	6
0	1	1	0	1	1	1	1	1	1	0	0	0	0	7
0	1	1	1	0	0	0	1	1	1	1	1	1	1	8
0	1	1	1	0	0	1	1	1	1	0	0	1	1	9
0	1	1	1	0	1	0	0	0	0	0	0	0	0	灭灯
0	1	1	1	0	1	1	0	0	0	0	0	0	0	灭灯
0	1	1	1	1	0	0	0	0	0	0	0	0	0	灭灯
0	1	1	1	1	0	1	0	0	0	0	0	0	0	灭灯
0	1	1	1	1	1	0	0	0	0	0	0	0	0	灭灯
0	1	1	1	1	1	1	0	0	0	0	0	0	0	灭灯
1	1	1	×	×	×	×	*	*	*	*	*	*	*	*

注　×—为任意状态；*—保持锁定状态。

27. CD4066　四双向模拟开关

当控制端 $U_c = 1$，开关接通；$U_c = 0$，开关断开。引脚排列见附录 2。

28. CD4512 八路数据选择器

附表 1.29   **CD4512 八路数据选择器功能表**

C	B	A	INH（禁止）	DIS（使能）	Z
0	0	0	0	0	X_0
0	0	1	0	0	X_1
0	1	0	0	0	X_2
0	1	1	0	0	X_3
1	0	0	0	0	X_4
1	0	1	0	0	X_5
1	1	0	0	0	X_6
1	1	1	0	0	X_7
×	×	×	1	0	0
×	×	×	×	1	高阻

29. CD4518 双 BCD 同步加法计数器
30. CD4520 双四位二进制同步加法计数器

附表 1.30   **CD4518 双 BCD 同步加法计数器功能表**

CLK	EN	R	功能	CLK	EN	R	功能
↑	1	0	加计数	↑	0	0	不变
0	↓	0	加计数	1	↑	0	不变
↓	×	0	不变	×	×	1	$Q_1 \sim Q_4 = 0$
×	↑	0	不变				

计数状态：$Q_4 Q_3 Q_2 Q_1 = 0000 \sim 1001$。

31. CD4532 八输入优先编码器

附表 1.31   **CD4532 八输入优先编码器功能表**

输 入									输 出				
EI	D_7	D_6	D_5	D_4	D_3	D_2	D_1	D_0	Q_{GS}	Q_2	Q_1	Q_0	EO
1	0	0	0	0	0	0	0	1	1	0	0	0	0
1	0	0	0	0	0	0	1	×	1	0	0	1	0
1	0	0	0	0	0	1	×	×	1	0	1	0	0
1	0	0	0	0	1	×	×	×	1	0	1	1	0
1	0	0	0	1	×	×	×	×	1	1	0	0	0
1	0	0	1	×	×	×	×	×	1	1	0	1	0
1	0	1	×	×	×	×	×	×	1	1	1	0	0
1	1	×	×	×	×	×	×	×	1	1	1	1	0
1	0	0	0	0	0	0	0	0	0	0	0	0	1
0	×	×	×	×	×	×	×	×	0	0	0	0	0

附录 2　部分常用数字集成电路引脚图

TTL 系列引脚图

1 — 1A	V_{CC} — 14	
2 — 1B	4B — 13	
3 — 1Y	4A — 12	
4 — 2A	4Y — 11	
5 — 2B	3B — 10	
6 — 2Y	3A — 9	
7 — GND	3Y — 8	

附图 2.1　74LS00 四 2 输入
与非门 Y＝$\overline{AB}$

1 — 1A	V_{CC} — 14
2 — 1B	4B — 13
3 — 1Y	4A — 12
4 — 2A	4Y — 11
5 — 2B	3B — 10
6 — 2Y	3A — 9
7 — GND	3Y — 8

附图 2.2　74LS02 四 2 输入
或非门 Y＝$\overline{A+B}$

1 — 1A	V_{CC} — 14
2 — 1B	4B — 13
3 — 1Y	4A — 12
4 — 2A	4Y — 11
5 — 2B	3B — 10
6 — 2Y	3A — 9
7 — GND	3Y — 8

附图 2.3　74LS03 四 2 输入
与非门（OC）Y＝$\overline{AB}$

1 — 1A	V_{CC} — 14
2 — 1Y	6A — 13
3 — 2A	6Y — 12
4 — 2Y	5A — 11
5 — 3A	5Y — 10
6 — 3Y	4A — 9
7 — GND	4Y — 8

附图 2.4　74LS04 六
反相器 Y＝$\overline{A}$

1 — 1A	V_{CC} — 14
2 — 1Y	6A — 13
3 — 2A	6Y — 12
4 — 2Y	5A — 11
5 — 3A	5Y — 10
6 — 3Y	4A — 9
7 — GND	4Y — 8

附图 2.5　74LS06 六反相器
（OC）Y＝$\overline{A}$

1 — 1A	V_{CC} — 14
2 — 1B	4B — 13
3 — 1Y	4A — 12
4 — 2A	4Y — 11
5 — 2B	3B — 10
6 — 2Y	3A — 9
7 — GND	3Y — 8

附图 2.6　74LS08 四 2 输入
与门 Y＝AB

1 — 1A	V_{CC} — 14
2 — 1B	1C — 13
3 — 2A	1Y — 12
4 — 2B	3C — 11
5 — 2C	3B — 10
6 — 2Y	3A — 9
7 — GND	3Y — 8

附图 2.7　74LS10 三
3 输入与非门 Y＝$\overline{ABC}$

1 — 1A	V_{CC} — 14
2 — 1B	1C — 13
3 — 2A	1Y — 12
4 — 2B	3C — 11
5 — 2C	3B — 10
6 — 2Y	3A — 9
7 — GND	3Y — 8

附图 2.8　74LS11 三 3 输入与门
Y＝ABC

1 — 1A	V_{CC} — 14
2 — 1B	2D — 13
3 — NC	2C — 12
4 — 1C	NC — 11
5 — 1D	2B — 10
6 — 1Y	2A — 9
7 — GND	2Y — 8

附图 2.9　74LS20 双 4 输入
与非门 Y＝$\overline{ABCD}$

1 — 1A	V_{CC} — 14
2 — 1B	2D — 13
3 — NC	2C — 12
4 — 1C	NC — 11
5 — 1D	2B — 10
6 — 1Y	2A — 9
7 — GND	2Y — 8

附图 2.10　74LS22 双 4 输入与
非门（OC）Y＝$\overline{ABCD}$

1 — 1A	V_{CC} — 14
2 — 1B	2D — 13
3 — 1G	2C — 12
4 — 1C	2G — 11
5 — 1D	2B — 10
6 — 1Y	2A — 9
7 — GND	2Y — 8

附图 2.11　74LS25 双 4 输入或非门
（带选通）Y＝G$\overline{(A+B+C+D)}$

1 — 1A	V_{CC} — 14
2 — 1B	1C — 13
3 — 2A	1Y — 12
4 — 2B	3C — 11
5 — 2C	3B — 10
6 — 2Y	3A — 9
7 — GND	3Y — 8

附图 2.12　74LS27 三 3 输入
或非门 Y＝$\overline{A+B+C}$

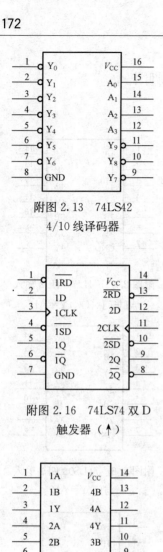

附图 2.13　74LS42
4/10 线译码器

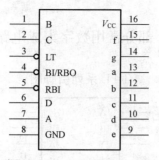

附图 2.14　74LS48 BCD 七段
字型译码驱动器

附图 2.15　74LS54 3/2/2/3 与或
非门 $Y=\overline{AB+CDE+FG+HIJ}$

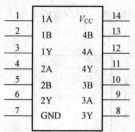

附图 2.16　74LS74 双 D
触发器（↑）

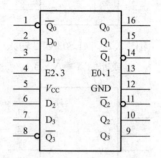

附图 2.17　74LS75 四位
双稳态锁存器

附图 2.18　74LS76 双 JK
触发器（↓）

附图 2.19　74LS86 四 2 输入
异或门 $Y=A\oplus B$

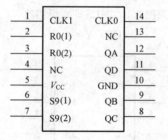

附图 2.20　74LS90 2-5-10
进制异步计数器（↓）

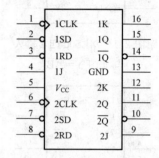

附图 2.21　74LS112 双
JK 触发器（↓）

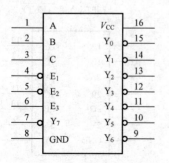

附图 2.22　74LS138 3/8 线
译码器/分配器

附图 2.23　74LS139 双 2/4
线译码器/分配器

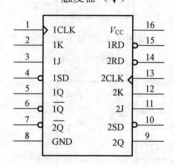

附图 2.24　74LS150 16 选 1
数据选择器/多路开关

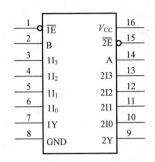

附图 2.25　74LS151 8 选 1
数据选择器/多路开关

附图 2.26　74LS153 双 4 选 1
数据选择器/多路开关

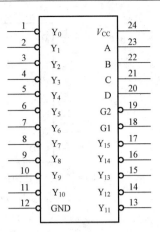

附图 2.27　74LS154 4/16 线
译码器/多路分配器

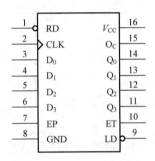

附图 2.28　74LS160 十进制
同步计数器（异步清零）

附图 2.29　74LS161 四位二
进制同步计数器（异步清零）

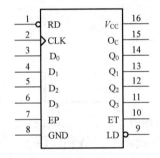

附图 2.30　74LS162 十进制
同步计数器（同步清零）

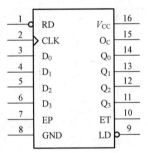

附图 2.31　74LS163 四位二
制同步计数器（同步清零）

附图 2.32　74LS164 8 位并行输出
串行移位寄存器（异步清零）

附图 2.33　74LS192 双时钟可
预置 BCD 同步加减计数器（↑）

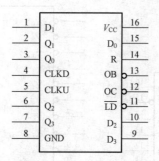

附图 2.34　74LS193 双时钟可预置
二进制同步加减计数器（↑）

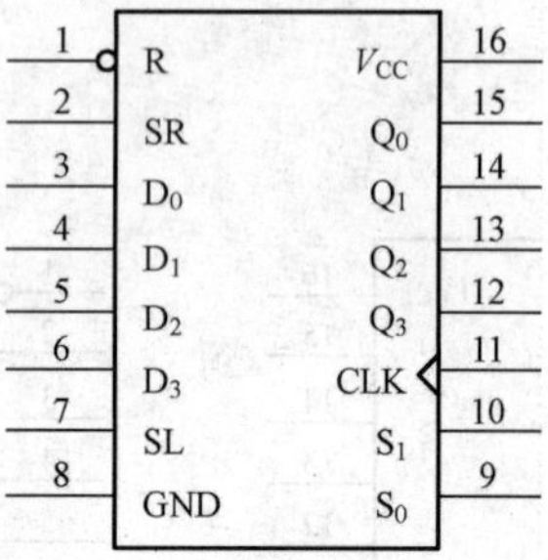

附图 2.35　74LS194 4 位双向
通用移位寄存器

CMOS 系列引脚图

附图 2.36　4001 四 2 输入
或非门 $Y=\overline{A+B}$

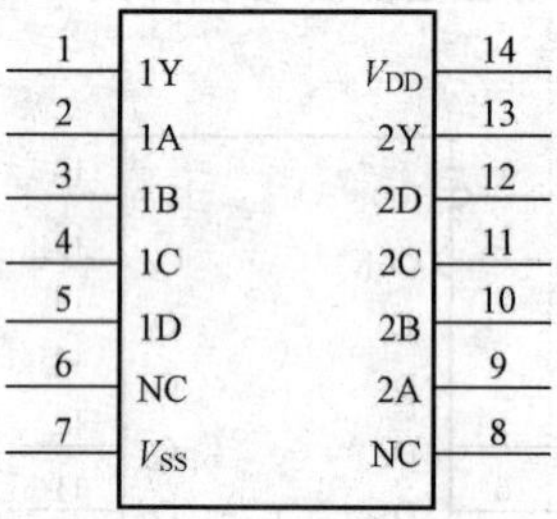

附图 2.37　4002 双 4 输入
或非门 $Y=\overline{A+B+C+D}$

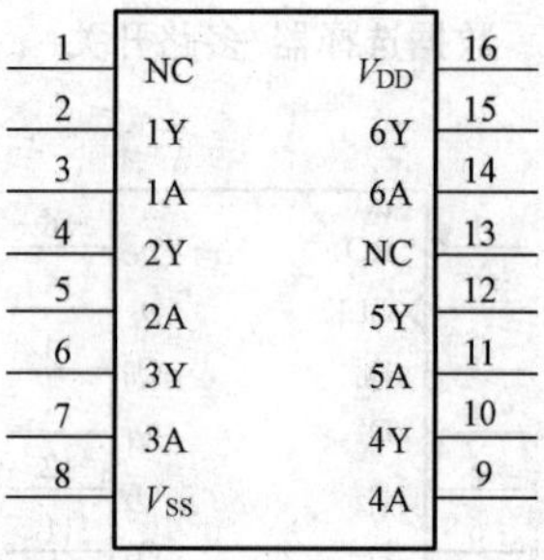

附图 2.38　4009 六
反相缓冲/变换器 $Y=\overline{A}$

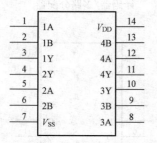

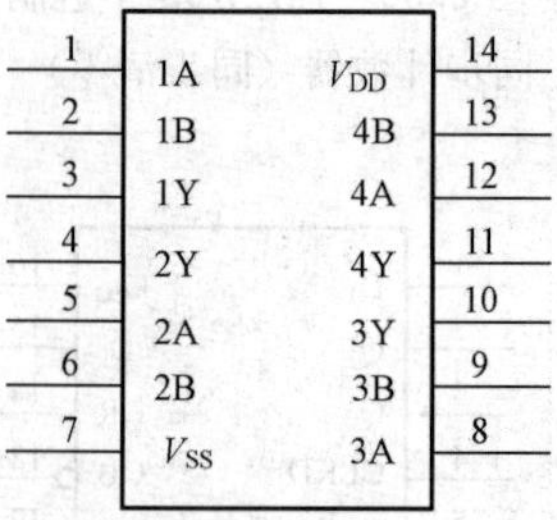

附图 2.39　4011 四 2 输入
与非门 $Y=\overline{AB}$

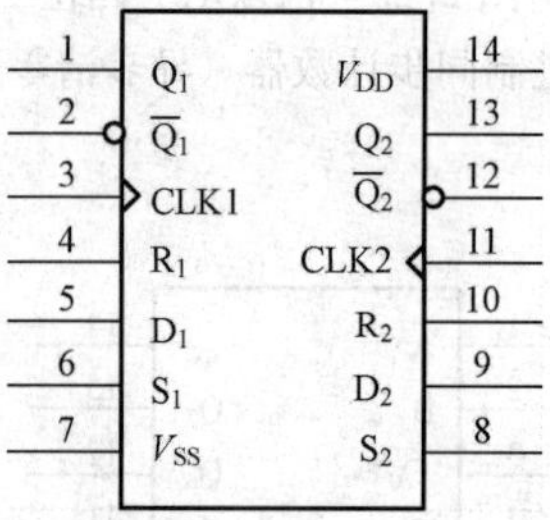

附图 2.40　4013 双 D
触发器（↑）

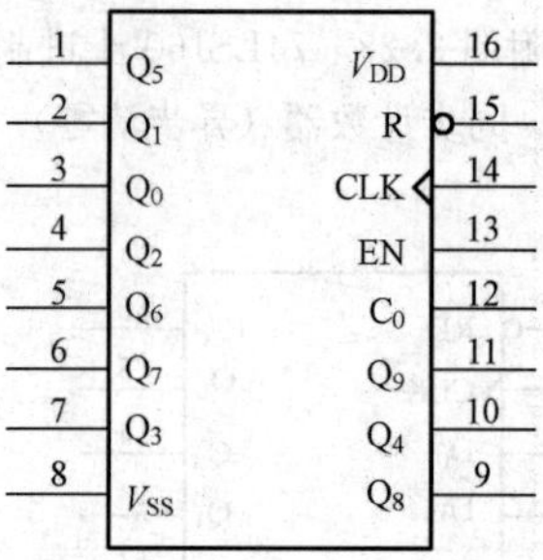

附图 2.41　4017 2-10 进制
计数器/脉冲分配器（↑）

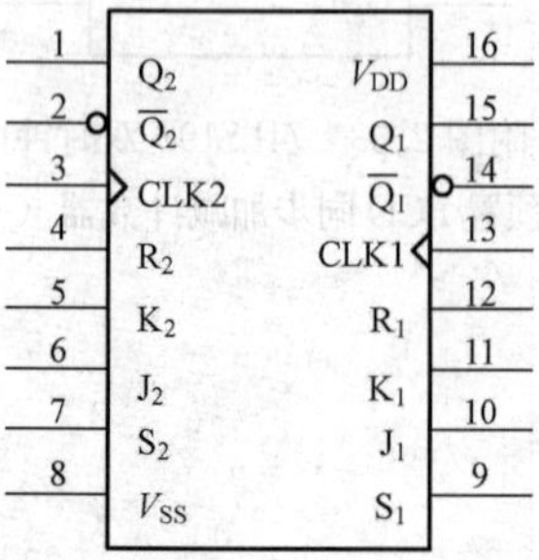

附图 2.42　4027 双 JK
触发器（↑）

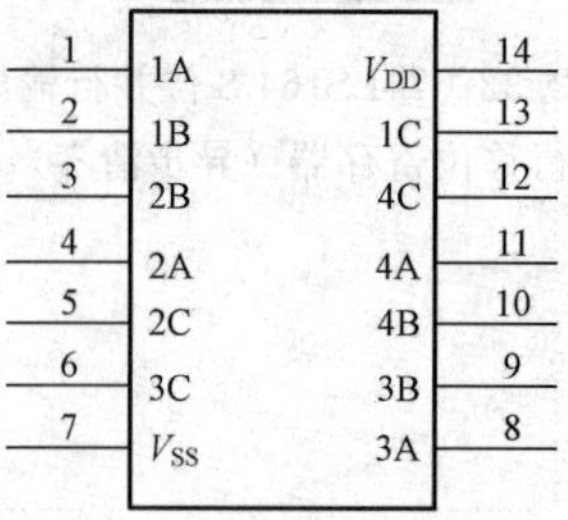

附图 2.43　4066 四双向
模拟开关（C＝1 时 AB 接通）

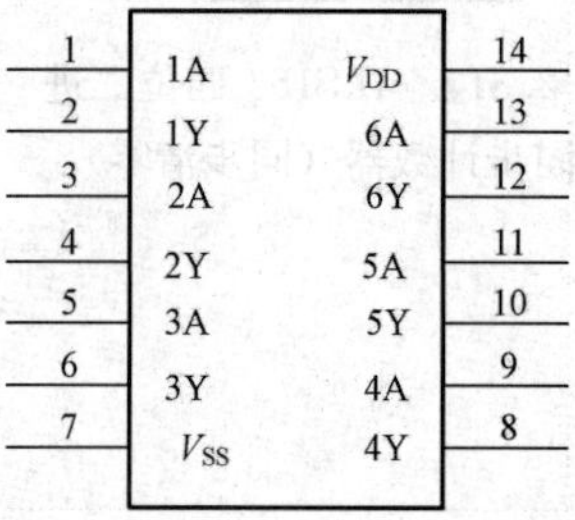

附图 2.44　4069 六
反相器 $Y=\overline{A}$

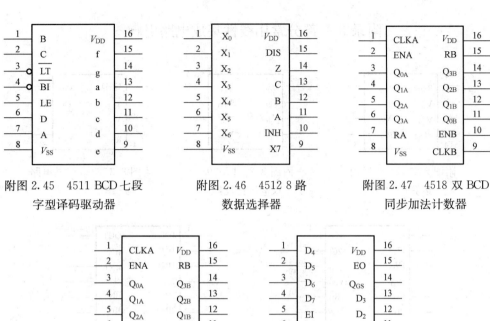

附图 2.45 4511 BCD 七段
字型译码驱动器

附图 2.46 4512 8 路
数据选择器

附图 2.47 4518 双 BCD
同步加法计数器

附图 2.48 4520 双四位
二进制同步加法计数器

附图 2.49 4532 八
输入优先编码器

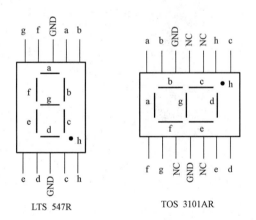

LTS 547R

TOS 3101AR

附图 2.50 常用共阴极 LED 数码引脚排列图

附录 3　　部分常用线性集成电路引脚图

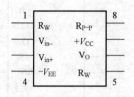

附图 3.1　F007 通用
运算放大器

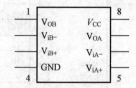

附图 3.2　LM393
双电压比较器

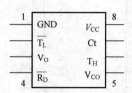

附图 3.3　555 时基电路

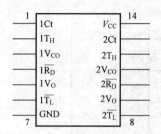

附图 3.4　556 双时基电路

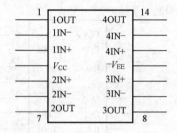

附图 3.5　LM324 四运算放大器

参 考 文 献

[1] 康华光，陈大钦，电子技术基础. 4 版. 北京：高等教育出版社，1999.

[2] 秦曾煌. 电工学. 4 版. 北京：高等教育出版社，1999.

[3] 清华大学电机系电工学教研室. 电工技术与电子技术实验指导. 北京：清华大学出版社，2003.

[4] 何金茂. 电子技术基础实验. 北京：高等教育出版社，1989.

[5] 王建新，姜萍. 电子线路实践教程. 北京：科技出版社，2003.

[6] 阎石. 数字电子技术基础. 北京：高等教育出版社，1997.

[7] 张毅刚. 基于 Proteus 的单片机课程的基础实验与课程设计. 北京：人民出版社，2012.

[8] 朱自清，张风蕊. Proteus 教程——电子线路设计、制版与仿真. 北京：清华大学出版社，2011.